华东交通大学教材基金资助项目
计算机辅助设计与制造技术丛书
普通高等院校机械类"十三五"规划教材

UG NX 12.0
模具设计技术与实战

主　编　　周慧兰

副主编　　胡　勇　　张　海

参　编　　连智伟　　谢信祥

西南交通大学出版社
·成都·

图书在版编目（ＣＩＰ）数据

UG NX 12.0 模具设计技术与实战 / 周慧兰主编. —
成都：西南交通大学出版社，2019.10
（计算机辅助设计与制造技术丛书）
普通高等院校机械类"十三五"规划教材
ISBN 978-7-5643-7158-6

Ⅰ. ①U… Ⅱ. ①周… Ⅲ. ①模具 – 计算机辅助设计
– 应用软件 – 高等学校 – 教材 Ⅳ. ①TG760.2-39

中国版本图书馆 CIP 数据核字（2019）第 216851 号

计算机辅助设计与制造技术丛书
普通高等院校机械类"十三五"规划教材

UG NX 12.0 Muju Sheji Jishu yu Shizhan

UG NX 12.0 模具设计技术与实战

主编　周慧兰

责任编辑	何明飞
封面设计	何东琳设计工作室

出版发行	西南交通大学出版社
	（四川省成都市金牛区二环路北一段 111 号
	西南交通大学创新大厦 21 楼）
邮政编码	610031
发行部电话	028-87600564　028-87600533
网址	http://www.xnjdcbs.com
印刷	四川森林印务有限责任公司

成品尺寸	185 mm × 260 mm
印张	16.25
字数	407 千
版次	2019 年 10 月第 1 版
印次	2019 年 10 月第 1 次
定价	48.00 元
书号	ISBN 978-7-5643-7158-6

课件咨询电话：028-81435775

前　言

UG NX 12.0 是一款功能强大的 CAD/CAM/CAE 集成软件，广泛应用于航空、航天、汽车、机械等工业领域。UG NX 12.0 是目前西门子（Siemens）公司推出的最新版本，与之前的版本相比，UG NX 12.0 增加了一些新的仿真功能，有助于更加快捷地制作和更新分析模型，并大大缩短了产品结构分析、热分析及流体分析的计算时间。此外，新功能包括加快了 CAM 模块中 NC 编程和加工速度，形成质量检测封闭环及管理工装库，实现了 NC 程序数据包直接传送到车间。MoldWiard 是该软件的一个专业应用模块，可以帮助用户快速实现注塑模具的分模和模架设计，新版本中区域定义、分型设计、顶出机构以及冷却系统的设计更加高效而快捷。

1. 本书内容

本书以实例为引导，介绍了 UG NX 12.0 的基础知识以及注塑模设计的整个流程，各个部分知识点难度不一，根据不同侧重点，安排了相关应用案例，通过案例讲解注塑模设计的全过程和主要设计工具。

全书共 9 章，第 1 章简单介绍了 UG NX 12.0 的基本操作以及图层、坐标系等概念；第 2 章主要介绍了 UG NX 12.0 的建模基础知识，包括草图工具、常用曲线曲面工具、装配设计及运动仿真等；第 3 章介绍了 UG NX 12.0 注塑模设计的基本流程；第 4 章介绍注塑模工具中常用的实体修补、片体修补以及其他实用工具的使用方法；第 5 章详细介绍了区域定义、分型线、分型面以及引导线、过渡对象的创建方法；第 6 章重点介绍模架加载和标准件设计方法，包括模架类型和结构尺寸的确定，定位圈和浇口衬套的添加，顶杆的设计和修剪，以及滑块机构、斜顶机构及镶件的设计；第 7 章介绍了主流道、分流道、浇口以及其他浇注系统附件的设计方法；第 8 章介绍了注塑模冷却系统的创建方法；第 9 章通过综合应用实例，介绍了汽车内饰件——倒车影像显示面板完整的分模设计以及模架设计全过程。每章根据知识的侧重点引入丰富的实例，以实战形式帮助读者掌握注塑模的设计过程和设计方法。

2. 本书特色

（1）由浅入深。本书从 UG NX 12.0 的基本操作和建模基础知识入手，以注塑模设计为主线，以实例为引导，根据不同知识点，由浅入深安排章节及知识讲解，让读者循序渐进地掌握各章节的重要内容。

（2）理论和应用相结合。本书介绍每个章节内容时，采用专业理论知识和实例、实战相结合的形式，使本书既有理论的针对性，又有知识的应用性，将重要的理论知识融入到实例中来，让读者真正学以致用。

（3）全实例视频教学。本书通过计算机辅助设计软件实现注塑模的数字化设计，应用背景较强，读者只有通过反复练习才能掌握其精髓，因此本书在介绍所有重要知识点时，都是通过实例和视频来讲解的，实用性很强，既可以开阔读者思路，又能激发读者对于专业的兴趣。

3. 读者对象

（1）本科院校的模具或机械类专业的学生。

（2）模具、机械设计技术人员。

（3）高职院校模具或机械类专业学生。

（4）计算机辅助设计专业或从业人员。

本书共 9 章，作者均来自华东交通大学，第 1、3、4、5、6、7、9 章由周慧兰编写，第 2 章由周慧兰、连智伟、谢信祥编写，第 8 章由胡勇和张海编写。

由于编者水平有限，书中难免存在疏漏与不足，恳请读者不吝指正。

周慧兰

2019 年 6 月

目　录

1　UG NX 12.0 基础知识

UG NX 12.0（简称 UG）是由西门子公司发布的集 CAD/CAM/CAE 于一体的大型交互式计算机辅助设计软件，功能强大，除了包含建模、装配、加工制造及运动仿真模拟模块外，还涵盖注塑模向导、钣金及级进模设计向导等模具专业应用模块，广泛应用于模具设计领域。

本章重点知识：

（1）UG NX 12.0 基本操作。

（2）图层设置。

（3）坐标系。

1.1　关于 UG NX 12.0

西门子公司的 UG NX 12.0 软件，是当前工业领域尤其是机械或模具行业功能最齐全的高级 CAD/CAM/CAE 软件之一，其功能覆盖从产品设计、产品分析到产品加工的整个过程，广泛应用于模具、汽车、航天及家电等领域。

1.1.1　UG NX 12.0 主要特点

1. 良好的用户界面

UG NX 12.0 具有良好的用户界面，绝大部分功能都可以通过图标操作，进行对象操作时，能够自动推理，在每个操作步骤中，会有相应的信息提示，便于用户正确选择。

2. 强大的模具设计功能

UG NX 12.0 具有强大的模具设计功能，应用专业的注塑模向导工具 MoldWizard，可以快捷方便地进行模具设计。MoldWizard 包含内容丰富的模架库和标准件库，可供用户方便地选用，能大大提高模具设计效率，有效促进模具的标准化。

3. 灵活的建模工具

UG NX 12.0 以 Parasolid 为实体建模核心，形象直观，另外它采用混合建模技术，将实体建模、曲线建模及曲面建模等融为一体，建模工具灵活多变。

4. 快捷的二维图设计

UG NX 12.0 的二维图功能强大，可以方便地实现从三维实体模型直接生成二维工程图，能按照 ISO 标准生成各种视图，以及尺寸标注、公差、粗糙度、文字等。

5. 成熟的二次开发接口

UG NX 12.0 提供了良好的二次开发工具 UG/Open，能通过高级语言接口，开发用户自己的功能模块，从而实现 UG NX 12.0 现有模块的功能扩展。

1.1.2　UG NX 12.0 功能模块

1. CAD 模块

CAD 模块主要用于产品及模具的设计，包括实体造型和曲线曲面造型的建模模块、装配模块、制图模块、外观造型设计模块、模具设计模块，电极设计模块、钣金设计模块、船舶设计模块及管线设计模块等。广泛应用于机械、汽车、航空、船舶、电子等领域。

2. CAM 模块

CAM 模块是模具数控行业最具代表性的数控编程软件，其最大的特点是生成的刀具轨迹合理，切削负载均匀，适合高速加工。该模块主要由 5 个模块组成：交互工艺参数输入模块、刀具轨迹生成模块、刀具轨迹编辑模块、动态仿真加工模块及后处理模块。

3. CAE 模块

CAE 模块主要用于产品分析，包括设计仿真、高级仿真及运动仿真，其中包含强度设计向导、设计仿真模块、高级仿真模块、运动仿真模块及注塑流动分析模块。

4. 反求模块

UG/in-Shape 是 UG NX 软件中面向逆向工程的软件模块，其理论基础是 Paraform 公司的技术基础，使用的是一种叫 "rapid surfacing"（快速构面）的方法，提供一套方便的工具集，接收各种数据以重构曲面模型。

1.1.3　UG NX 12.0 新增功能

UG NX 12.0 在原有版本的基础上增加了一些新功能，这些改进有利于缩短创建、分析、交换或标注数据的时间。UG NX 12.0 增加了新的仿真功能，可以更加快捷地制作和更新分析模型，缩短了产品结构分析、热分析及流体分析的计算时间。此外，新功能中对 CAM 模块进行了优化，提高了数控编程和产品加工的效率。

1.2　UG NX 12.0 工作界面及基本操作

UG NX 12.0 的工作界面采用了与微软 Office 类似的带状工具条界面环境。其基本操作包括文件的新建、保存及打开、鼠标的使用、模型的显示及对象的选取等。

如无特别说明，本书的软件操作介绍是基于 Windows10 操作系统来进行的。

1.2.1 工作界面

执行计算机的"开始"命令，从"开始"屏幕中单击 NX 12.0 图标 或者执行【开始】| 【Siemens NX 12.0】|【NX 12.0】命令，启动 UG NX 12.0，如图 1-1 所示。

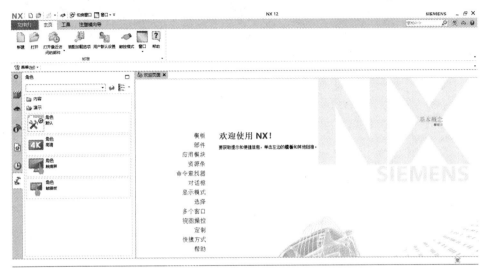

图 1-1　UG NX 12.0 启动界面

在启动界面还不能进行实际操作，只有建立一个新的文件或打开一个已有的*.prt 文件，才能进入到图 1-2 所示的建模环境界面。建模环境是用户应用 NX 软件进行产品三维建模的界面。下面通过建模环境介绍 UG NX 12.0 的主要工作界面，该工作界面主要包括快速访问工具条、选项卡、功能区、上边框条、资源条、导航器、图形区及信息栏。如果喜欢经典的 UG 环境界面，可以按"Ctrl+2"快捷键打开"用户界面首选项"对话框，然后在"主题"选项中选择"经典"选项，如图 1-3 所示。

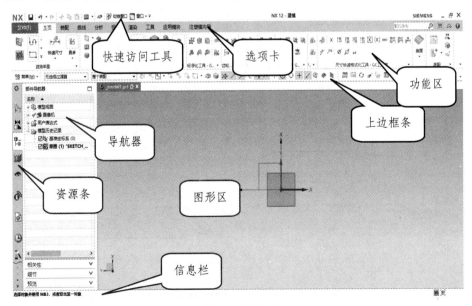

图 1-2　建模环境

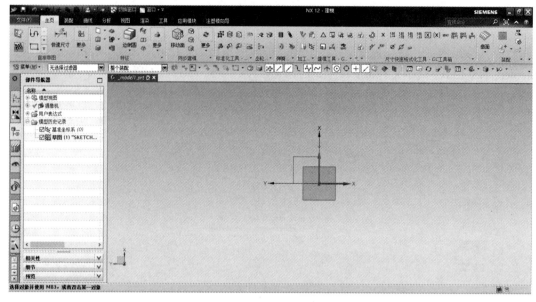

图 1-3　经典界面

1.2.2　文件操作

在 UG NX 12.0 中，文件常用操作包括新建、打开、保存、关闭及导入与导出等。

1. 文件的新建

执行【文件】|【新建】命令或【菜单】|【文件】|【新建】命令，弹出图 1-4 所示的"新建"对话框，利用此对话框，可以创建模型文件、图纸文件或其他文件。

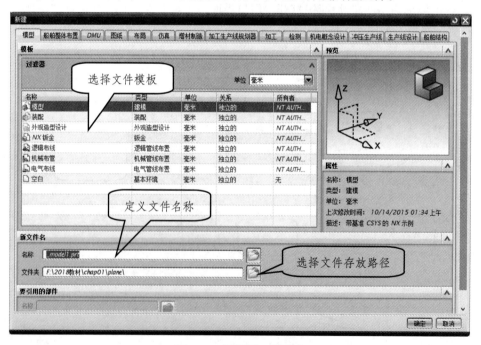

图 1-4　"新建"对话框

注意：UG NX 12.0 与旧版本不同的是可以创建中文名的文件，也可以打开中文路径的模型文件。

2. 文件的打开

（1）执行【文件】|【打开】命令或快捷访问工具中的"打开"命令，系统弹出图 1-5 所示的"打开"对话框。

注意：应用 UG NX 12.0 打开模型文件时，除了*.prt 格式的文件外，也可以打开其他格式的文件。点击"打开"对话框的"文件类型"的下拉箭头可以看到 UG NX 12.0 能打开的文件类型，如*.stp、*.igs 等常用的中间格式文件。

（2）在该对话框中，选中"预览"选项后，可在右侧的预览区显示该模型文件，单击"OK"，即可在图新区中打开该文件。

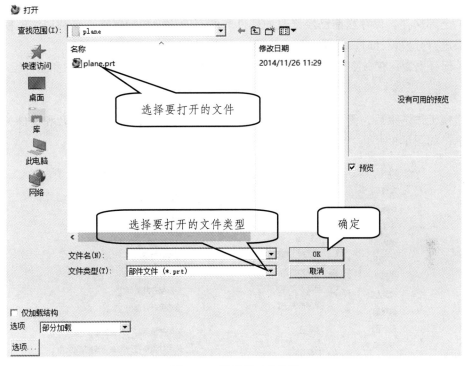

图 1-5 "打开"对话框

如果要打开之前已经打开过的模型文件，也可以通过资源条上的"历史记录"工具或"窗口"菜单选择要打开的文件，如图 1-6 所示。

3. 文件的保存

应用 UG NX 12.0 保存文件时，可以保存当前文件，也可以另存文件，还可以只保存工作部件或书签文件（见图 1-7）。

和文件保存相关的命令如下：

（1）保存：仅保存当前部件的编辑结果。

（2）仅保存工作部件：当用于在对装配体进行操作时，此命令只保存工作部件的编辑结果，其他部件的编辑结果不保存。

图 1-6 "窗口"菜单　　　　　　　　　图 1-7 "保存"工具

（3）另存为：利用其他路径或其他名称保存文件。

（4）全部保存：保存当前已经修改的部件和所有的顶级装配部件，在利用注塑模向导对产品模型进行分模设计时，常常需要此命令。

（5）保存书签：在书签文件中保存装配关联，包括组件可见性、加载选项和组件组等信息。

4. 文件的关闭

当建模工作结束后，需要将文件关闭。执行【文件】|【关闭】可以打开和文件关闭相关的子菜单，如图 1-8 所示。

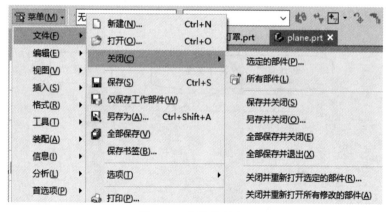

图 1-8 文件的关闭

"关闭"子菜单各命令含义如下：

（1）选定的部件：通过选择模型部件来关闭。

（2）所有部件：关闭程序中所有运行或非运行的模型文件。

（3）保存并关闭：先保存运行的文件再将其关闭。

（4）另存为并关闭：将运行的文件另存后再关闭。

（5）全部保存并关闭：将所有运行和非运行的模型文件先保存后关闭。

（6）全部保存并退出：将所有运行和非运行的模型文件先保存后退出 UG 应用程序。

5. 文件的导入与导出

执行【文件】|【导入】可以加载其他格式类型的文件；【文件】|【导出】是在 UG 应用程

序中以其他格式文件保存文件。

此外，在打开文件或另存为文件时，也可以实现其他格式的文件的导入或导出，只要在文件的"打开"对话框或"另存为"对话框中选择对应的文件类型即可。

1.2.3 鼠标的使用

鼠标在 UG 软件中使用频率很高，通过鼠标可以实现对象的平移、缩放、旋转及打开快捷菜单等操作，建议使用三键滚轮鼠标，鼠标按键中的左、中（滚轮）、右键在 UG NX 12.0 中的作用及操作如表 1-1。

表 1-1　三键滚轮鼠标的作用和操作

鼠标按键	作　用	操作说明
左键（MB1）	用于选择对象、菜单命令或工具按钮命令	直接单击 MB1
中键（MB2）	放大或缩小	Ctrl+MB2（按住）或滚动 MB2
	平移	Shift+MB2（按住）
	旋转	滚动 MB2
右键（MB3）	弹出对象快捷菜单	在对象上按住 MB3

1.2.4 对象的选取

在 UG 中对象的选取是一个最常用的操作，在很多对象的编辑操作过程中需要精确选取要编辑的对象。对象的选取除了用鼠标左键直接选取外，还可通过"类选择"对话框、选择工具栏、"快速拾取"对话框及部件导航器来完成。

1. 类选择

"类选择"对话框在很多操作过程中都会出现，是选取对象常用的一种方法，在执行一些命令时，弹出的"类选择"对话框如图 1-9 所示。

图 1-9　"类选择"对话框

2. 选择条

用鼠标右键单击工具栏空白处，在弹出的快捷菜单中选择"上边框条"，则在工具栏添加了选择条，如图 1-10 所示。选择条中的过滤器可以帮助用户过滤要选择的对象。

图 1-10 选择条

3. 快速拾取

快速拾取有两种激活方法：

（1）将光标放在要选取的对象上，单击鼠标右键，选择弹出快捷菜单中的"从列表中选取"工具，弹出如图 1-11 所示的"快速拾取"对话框，从该对话框中可以选择需要的对象。

（2）将光标放置在选取对象上，停顿 2～3 s，当鼠标光标变成一个带"…"符号的"十"字形状时单击，也可以弹出如图 1-11 所示的"快速拾取"对话框。

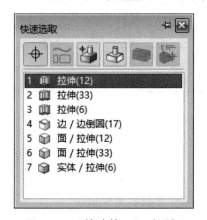

图 1-11 "快速拾取"对话框

1.2.5 对象的显示与隐藏

1. 编辑对象显示

"编辑对象显示"可以用于编辑对象的图层、颜色、线型、线宽、透明度、着色及显示分析状态等信息。具体操作如下：在图新区选择对象后，单击"可视化"工具栏上的"编辑对象显示"命令 ，弹出"编辑对象显示"对话框，如图 1-12 所示，包括"常规"和"分析"两个选项卡。

（1）"常规"选项卡。

"常规"选项卡用于编辑对象的图层、颜色、线型、线宽、透明度以及着色显示状态等信息。选中"面分析"选项后，还可以对选中的面进行面属性的分析并显示结果。

（2）"分析"选项卡。

该选项卡并不对选取对象进行分析，而是用来设置分析结果的颜色或线型。

2. 显示与隐藏

单击上边框条中下"显示和隐藏"按钮 ，弹出"显示和隐藏"对话框，如图 1-13 所示，在该对话框中，选择"+"显示对象，选择"-"则隐藏对象。

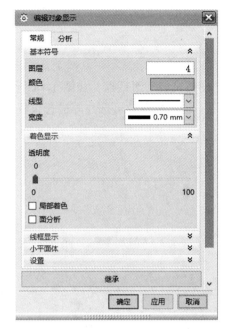 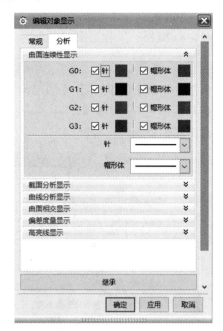

图 1-12　"编辑对象显示"对话框

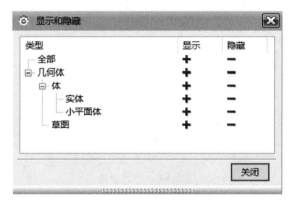

图 1-13　"显示和隐藏"对话框

1.3　图层的设置

图层的功能是对建模的对象的显示、编辑或状态进行控制，便于用户对不同模型对象的分类管理。UG 最多可以设置 256 个图层，每层可以包含任意数量的对象。每个层中可以包含部件的所有对象，部件的所有对象也可以分布在不同图层。在部件的所有图层中，只有一个图层属于当前工作图层，所有的建模操作都是在当前工作图层进行。

UG 中的图层一般设置如下：

1～20 层：实体对象；

21～40 层：草图对象；

41～60 层：曲线对象；

61～80层：参考对象；

81～100层：片体对象；

101～120层：工程制图对象。

1. 图层设置

单击【菜单】|【格式】|【图层设置】，系统打开"图层设置"对话框，如图1-14所示，利用该对话框用户可以对部件中的所有层进行工作图层、层可见性及可选性等进行设置，也可以对图层的类别进行编辑。

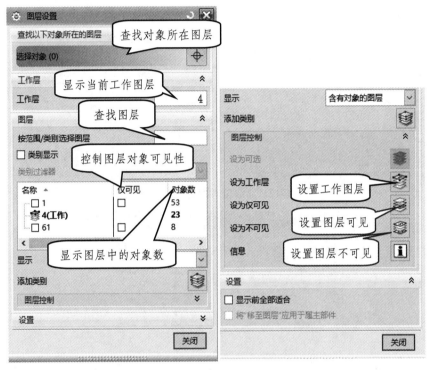

图 1-14　图层设置

2. 移动至图层

"移动至图层"可以将所选择的对象移动到目标图层，单击【菜单】|【格式】|【移动至图层】命令，弹出"类选择"对话框，选择要移动的对象，单击"类选择"对话框中的【确定】，系统弹出"图层移动"对话框，通过该对话框，可以将选择对象移动到新图层，如图1-15所示。

3. 复制至图层

复制至图层的操作与"移动至图层"相似，不同之处是移动至图层将对象移至目标图层后，原图层没有了移动对象；而复制至图层是将对象复制到目标图层的同时，原有图层仍保留被复制的对象。

单击【菜单】|【格式】|【复制至图层】，弹出"类选择"对话框，选择要复制的对象，单击"类选择"对话框中的【确定】，系统弹出"图层复制"对话框，通过该对话框，可以将选择对象复制到新图层，如图1-16所示。

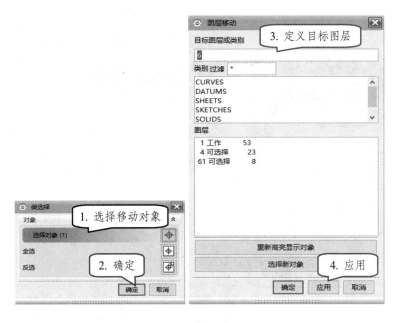

图 1-15　移动至图层

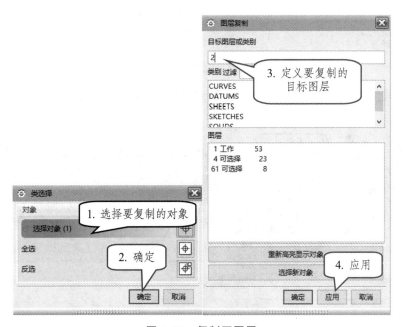

图 1-16　复制至图层

下面通过实例介绍图层的使用及设置方法。

（1）扫描本章末二维码获取文件"chap01/灯罩/dengzhao.prt"，单击【应用模块】|【建模】，进入建模模块。

（2）单击【菜单】|【格式】|【移动至图层】，弹出"类选择"对话框，选择模型中的草图对象，单击【确定】按钮，弹出"移动图层"对话框，根据图 1-17 进行操作，由图可知图层移动前图层 1 中原有的 53 个对象中，其中 47 个对象移动到目标图层 5 中，剩下对象数目为 6。

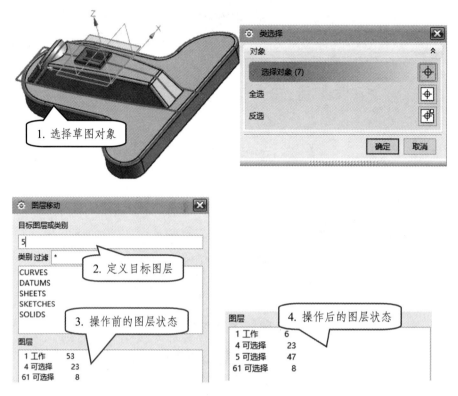

图 1-17　图层移动操作

（3）用相同方法将产品中的 1 个基准坐标系、3 个基准平面移动到图层 6，具体操作如图 1-18 所示。

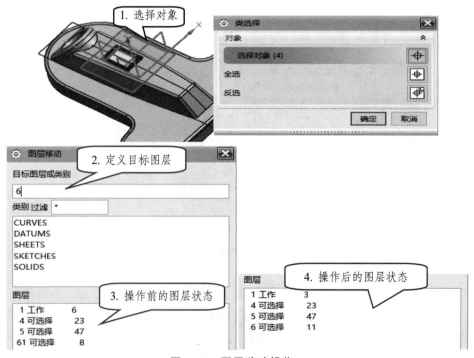

图 1-18　图层移动操作 2

（4）设置图层可见性，将图层 5、图层 6 设为不可见，单击【菜单】|【格式】|【图层设置】，打开如图 1-19 所示"图层设置"对话框，将"图层"选项下面的图层 5、6 前面的红色 √去掉，则图层 5、6 被设置为不可见状态。

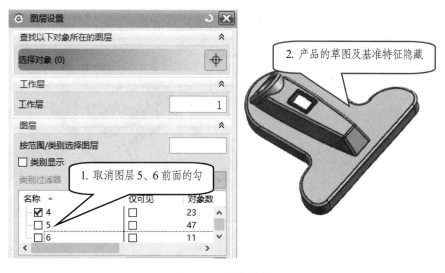

图 1-19　图层设置

1.4　坐标系设置

坐标系的设置在模具设计或产品的数控加工中都十分重要，模具设计中模具坐标系的定义、外侧抽芯机构及斜顶机构的设置以及数控加工坐标系的定义均涉及坐标系的移动、旋转及定向等操作。

1.4.1　坐标系种类

UG NX 12.0 中的坐标系有三种：绝对坐标系 ACS、工作坐标系 WCS 及用户坐标系。

1. 绝对坐标系

绝对坐标系 ACS 是系统默认的坐标系，其原点固定不变。绝对坐标系的位置可以借助点工具观察，具体方法如下：【菜单】|【插入】|【基准/点】|【点】，系统弹出"点"对话框，如图 1-20 所示，通过参考坐标系及点坐标可以创建一个基准点，该基准点即绝对坐标原点所在位置。

2. 工作坐标系

工作坐标系是 UG 操作中应用最广泛的一种坐标系，下面介绍工作坐标系的使用。
（1）动态。
单击【工具】|【更多】|【WCS 动态】，可以看到动态坐标系的三类标志：原点、移动柄及旋转柄，分别对应三种动态改变坐标系的方式，如图 1-21 所示。
① 移动：用鼠标选取原点，可以将坐标原点移动到新的位置点；用鼠标选取移动柄，可

将坐标原点沿坐标轴移动，还可以在文本框中输入移动距离，如图 1-22 所示。

图 1-20　查看绝对坐标原点

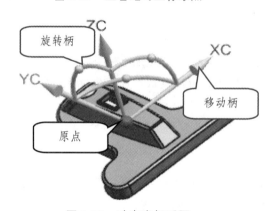

图 1-21　动态坐标系图

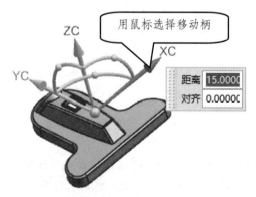

图 1-22　移动 WCS

② 旋转：用鼠标选取旋转柄，可以使坐标系发生旋转；也可以双击旋转柄，在文本框中输入旋转角度，如图 1-23 所示。

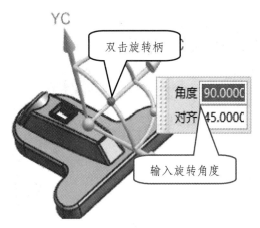

图 1-23　旋转 WCS 方法一

（2）旋转。

除了通过图 1-23 的旋转柄可以实现 WCS 的旋转，UG 软件还提供了另一个工具实现 WCS 的旋转。如图 1-24 所示，单击【工具】|【更多】|【旋转】打开"旋转 WCS 绕…"对话框。

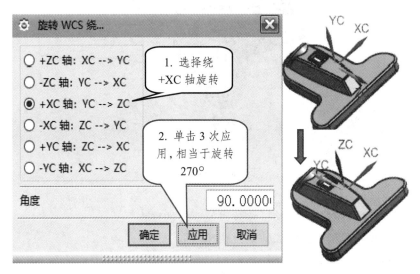

图 1-24　旋转 WCS 方法二

注意：应用图 1-24 对话框实现坐标轴旋转时，每单击一次【应用】或【确定】，便旋转了一次，旋转完毕时，通过【取消】关闭对话框，而不要通过【确定】来关闭对话框，否则会多旋转一次。在模具设计时，模具坐标系的定义经常需要应用"旋转"操作以获得正确的模具坐标系方向。

3. 用户坐标系

用户坐标系是用户自己创建的坐标系，辅助用户的相关设计。下面介绍其创建方法，单击【菜单】|【插入】|【基准/点】/基准坐标系，系统弹出"基准坐标系"对话框，如图 1-25

所示。

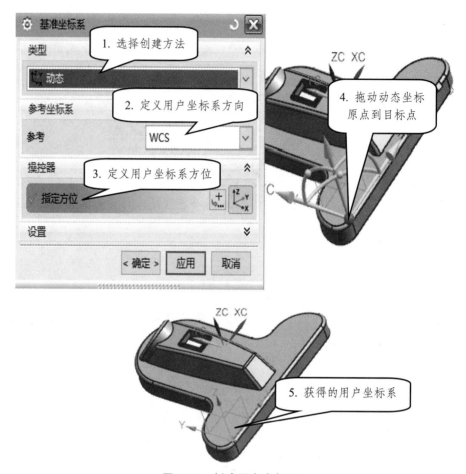

图 1-25　创建用户坐标系

习题与思考

1. 熟悉应用鼠标进行对象的平移、缩放以及旋转的操作。

2. 快速拾取法有哪两种方式？如何通过快速拾取法选择对象？

3. 过滤器在对象选择时起什么作用？

4. 如何将对象移动或复制到图层？如何将图层设置为显示或隐藏状态？

5. 绝对坐标系、工作坐标系、用户坐标系的区别与联系是什么？如何观察绝对坐标系的方位及原点位置？如何创建工作坐标系和用户坐标系？如何调整工作坐标系的方位及方向？

6. 扫描本章末二维码获取文件"习题/exer1/ex1_1.prt"，如图 1-26 所示，请进行下面操作：

（1）将工作坐标系移动到图中孔的上侧边界圆心位置，并将工作坐标系绕 Y 轴旋转 180°。

（2）在模型产品的绝对坐标原点插入基准点，并在绝对坐标原点处建立用户坐标系。

（3）将（2）中创建的用户坐标系移动到 21 图层，并将该图层隐藏。

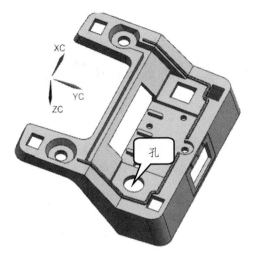

图 1-26　ex1_1 模型文件

扫码获取源文件

扫码获取习题文件

2 UG NX 12.0 建模基础

相对于其他软件的实体建模或参数建模，UG NX 12.0 采用混合建模法，即基于特征的实体建模方法，是在参数化建模基础上采用的变量化技术进行建模，本章主要介绍该建模方法的常用工具。

本章重点知识：

（1）草图及其常用草图绘制命令。
（2）布尔计算。
（3）曲线操作与编辑。
（4）曲面的创建与构造。
（5）装配设计与运动仿真。

2.1 草 图

草图是位于指定平面内曲线和点的集合，设计者可以根据自己的设计意图绘制二维草图曲线，再添加几何约束、尺寸约束及定位等，以精确控制曲线的尺寸、形状及位置。建立的草图还可以用实体造型工具进行拉伸、旋转等操作，生成和草图相关的实体模型，当草图修改时，对应的实体模型也会自动修改。

2.1.1 草图功能

UG NX 12.0 软件中草图的主要功能如下：

（1）通过草图，用户可以快速绘制零件的二维轮廓曲线，再添加尺寸约束和几何约束，精确控制轮廓曲线的尺寸、形状和位置等。

（2）绘制好的草图，可以用来拉伸、旋转或扫掠获得实体模型。

（3）草图具有参数驱动设计的特点，当草图中的某个尺寸发生改变时，相应的实体模型也会发生改变。

2.1.2 草图平面

草图平面是用来附着草图对象的平面，该平面可以是实体上的某个平面，也可以是坐标平面，如 XC-YC，XC-ZC 平面，还可以是基准平面。总之，草图平面可以是任意平面，这给用户提供了极大的设计灵活性。

进入到建模模式，单击"直接草图"功能区中的"草图"按钮 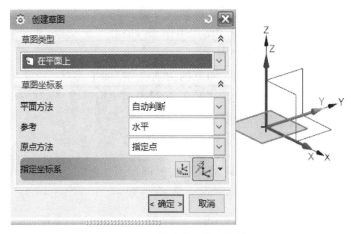，弹出如图 2-1 所示的"创建草图"对话框，同时图新区高亮显示 XC，YC 平面及 X、Y、Z 三个坐标轴。定义草图平面的方式有两种：在平面上和基于路径。

图 2-1　"创建草图"对话框

1. 在平面上

在图 2-1 的"创建草图"对话框中，草图类型选择"在平面上"，即将草图平面定义在指定平面或基准平面上。在该对话框中，用户可以定义草图方向、草图原点等内容。

（1）平面方法：创建草图平面的方法包括自动判断、新平面等。

① 自动判断：系统自动选择草图平面，默认情况下选择 XC-YC 平面。

② 新平面：当"平面方法"选择"新平面"时，用户可以定义自己的草图平面，如图 2-2 所示。

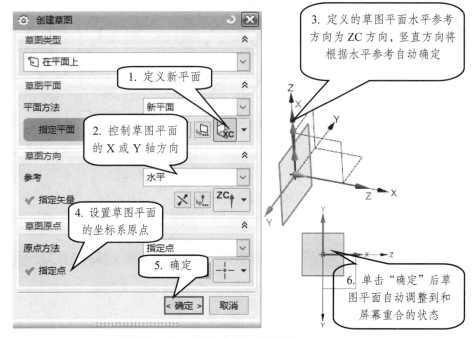

图 2-2　"新平面"定义草图平面

19

（2）草图方向：控制参考平面的水平或竖直方向。

① 参考：含水平或竖直两个方向。

② 指定矢量：选择定义参考方向的定义方法。

（3）草图原点：设置草图平面的坐标系原点位置。

① 原点方法：通过"指定点"或"使用工作部件原点"定义原点。

② 指定点：选择指定原点的各种方法。

例如，图 2-2 中指定草图平面的法向方向为 XC，草图平面参考水平方向为 ZC，草图平面原点即为工作部件原点，单击【确定】后，草图平面根据其参考方向自动调整到和屏幕重合的状态，可以开始绘制草图轮廓曲线。

2. 基于路径

当特征建模如扫掠等，需要草绘轮廓曲线时，选择图 2-3 中"创建草图"对话框中草图类型的"基于路径"选项。

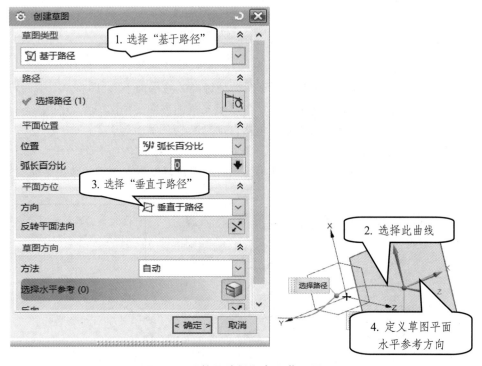

图 2-3　"基于路径"定义草图平面

（1）路径：在其上创建草图平面的轨迹线。

（2）平面位置：草图平面在轨迹上的位置，当弧长百分比为 0 时，草图平面位于轨迹线的端点处；

（3）平面方位：确定平面与轨迹线的方位关系，定义平面方位的方法有"垂直于路径""垂直于矢量""平行于矢量""通过轴"等。

① 垂直于路径：草图平面与轨迹垂直。

② 垂直于矢量：草图平面与指定矢量垂直。

③ 平行于矢量：草图平面与指定矢量平行。

④ 通过轴：草图平面将通过或平行于指定的矢量轴。

（4）草图方向：确定草图平面的 XC 轴及 YC 轴的方位，包括"自动""相对于面""使用曲线参数"等类型。

① 自动：用系统默认的方向。

② 相对于面：通过指定平面来确定坐标系的方位。

③ 使用曲线参数：使用轨迹与曲线的参数关系来确定坐标系方位。

下面通过实例说明其使用过程。

（1）扫描本章末二维码获取文件"chap02/草图 1/unfinished/ct1.prt"，通过"应用模块"的"建模"进入到建模模式。

（2）单击【主页】|【草图】，打开"创建草图"对话框，"草图类型"选择"基于路径"选项，用鼠标选择样条曲线的端点，如图 2-3 所示，根据提示进行操作。

（3）单击【确定】，草图平面自动调整到和屏幕重合状态，如图 2-4 所示，利用"直接草图"下的"圆"工具绘制直径为 10 的圆，单击"完成草图"工具 ，结束草图绘制。

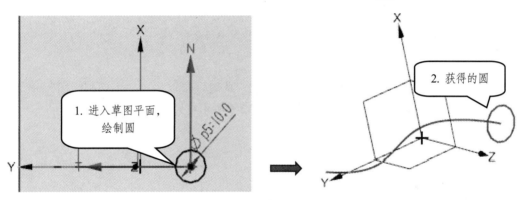

图 2-4　绘制草图

2.1.3　进入草图的途径

在 UG NX 12.0 中，进入草图绘制的方式有两种，分别为"直接草图"和"在任务环境中绘制草图"。

1. 直接草图

在建模模式下，单击【主页】|【草图】，选择草图平面后直接绘制草图，参考 2.1.2 中的实例。

2. 在任务环境中绘制草图

选择【菜单】|【插入】|【在任务环境中绘制草图】命令或"直接草图"工具栏中【草图】|【更多】|【在草图任务环境中打开】命令，也可以进入草图环境，其后的操作与直接草图相同。

2.1.4　基本草图工具

执行【直接草图】|【草图】，进入草图任务环境，单击该环境下的"更多"命令，可以打

开创建草图需要的各种操作工具，如图 2-5 所示。下面对几个重要的草图工具进行介绍。

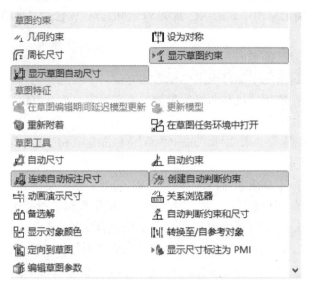

图 2-5　"更多"下拉菜单包含命令

1. 定向到视图

在创建草图过程中，难免需要调整视图方位，此时，可以通过"定向到视图"命令用于将视图平面重新调整为和屏幕重合的状态，如图 2-6 所示。

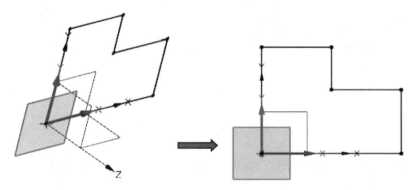

图 2-6　定向到视图

2. 重新附着

当绘制好草图轮廓曲线后，如果需要修改草图平面位置或修改草图方位时，可以通过草图任务环境下的【更多】|【重新附着】命令实现。

下面通过实例阐述其具体操作。

（1）扫描本章末二维码获取文件"chap02/草图 2/caotu2.prt"，鼠标右键选择部件导航器中的"草图（3）"特征，在右键菜单中选择"编辑"命令，再次进入草图任务环境，执行【直接草图】|【草图】|【重新附着】命令，如图 2-7 所示。

（2）激活"重新附着草图"对话框中的"指定平面"命令，选择模型的平面 2，如图 2-8 所示，则草图平面由原来的平面 1 改为平面 2，重新进入草图任务环境，可对草图进行重新定义。

图 2-7　重新附着草图

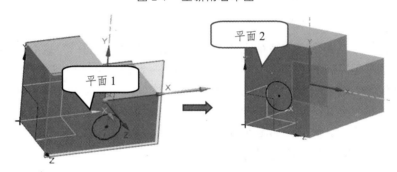

图 2-8　修改草图平面位置

3. 完成草图

单击"完成草图"工具![icon]，表示草图绘制结束，退出草图任务环境。

4. 转换至/自参考对象

单击"主页"功能区的"直接草图"功能区的"转换至/自参考对象"工具![icon]，可将普通的曲线转换为参考线，如图 2-9（a）所示。进入草图模式后，绘制图 2-9（b）中的一个圆和两条直线，通过"转换至/自参考对象"将它们转换为图 2-9（c）中的双点画线式的参考线。

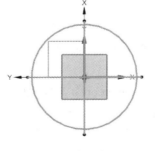

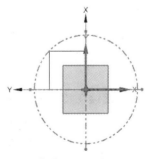

（a）"转换至/自参考对象"对话框　　（b）绘制草图中的曲线　　（c）转换以后的曲线

图 2-9　转换至/自参考对象

2.1.5　草图绘制命令

进入到草图界面后，可以利用草图绘制命令绘制需要的曲线，主要草图绘制命令如图 2-10 所示，利用这些工具可以绘制直线、曲线、点等基本曲线并且可以对它们进行编辑。

图 2-10　草图绘制命令

2.2　基础特征设计

2.2.1　布尔计算

如果将一个零件看作是一个完整的实体，那该实体是由多个实体特征组成，而这些实体特征组合为零件的过程称为布尔计算。布尔计算几乎贯穿于 UG 的实体建模过程，有时还嵌于其他命令的对话框中，伴随其他命令自动完成布尔运算。

1. 布尔合并

布尔合并计算是在多个实体特征之间进行叠加的拓扑逻辑运算，目标体只能选一个，工具体可以选多个，运算后的结果是将多个实体叠加在一起的结果，如图 2-11 所示。

（1）扫描本章末二维码下载文件"chap02/布尔计算/bu_er.prt"，单击"主页"选项卡中"特征"功能区的"布尔合并"工具 📭，进入"合并"对话框后，对长方体和圆柱体两个实体特征进行布尔合并计算，具体操作如图 2-11 所示。

（2）定义好布尔合并运算后得到的结果如图 2-11 所示。

2. 布尔求差

布尔求差运算是一种在多个实体之间执行减的拓扑逻辑运算，相当于利用工具体对目标体进行切减，目标体只能选一个，工具体可以选多个。

继续在"chap02/布尔计算/bu_er.prt"文件中操作，如果先前进行过其他布尔计算，将其他布尔计算操作删除或撤销。单击"主页"选项卡中"特征"功能区的"布尔减去"工具 📭，进入"求差"对话框后，对长方体和圆柱体两个实体特征进行布尔求差计算，具体操作如图 2-12 所示。

3. 布尔求交

布尔求交是一种在多个实体之间进行求取公共部分的拓扑逻辑运算，运算后的结果是将所有实体特征叠加在一起，取其公共部分后的效果，目标体只能选取一个，工具体可以选择多个。

（1）继续在"chap02/布尔计算/bu_er.prt"文件中操作，如果先前进行过其他布尔计算，将其他布尔计算操作删除或撤销。单击"主页"选项卡中"特征"功能区的"布尔相交"工具 📭，进入"相交"对话框后，对长方体和圆柱体两个实体特征进行布尔求交运算，具体操作如图 2-13 所示。

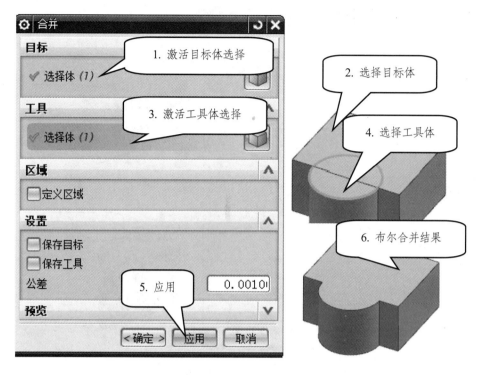

图 2-11 布尔合并运算

（2）布尔求差结束后的结果如图 2-12 所示。

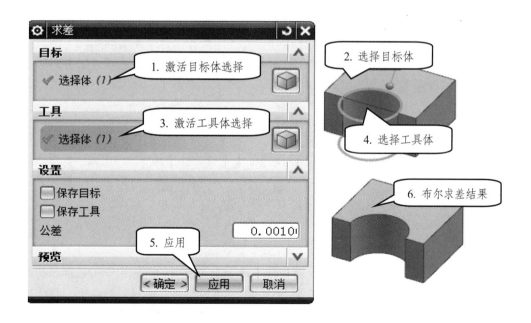

图 2-12 布尔求差运算

（3）布尔求交后的结果如图 2-13 所示。

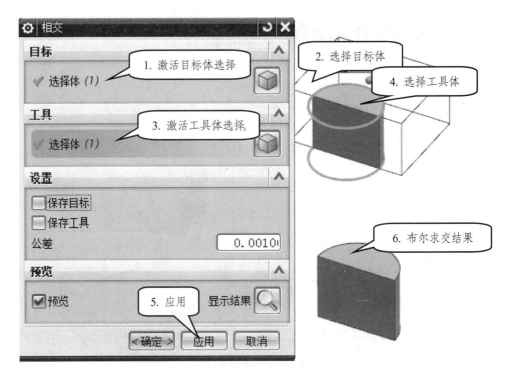

图 2-13　布尔求交运算

2.2.2　体素特征

应用 UG 进行实体建模时，要用到很多基础特征，它们是最基本的实体模型，称之为体素特征，如长方体、圆柱体、圆锥体、球体等。这些体素特征是最原始的基础实体，应用它们进行实体造型时，无须用户绘制截面，只需要设置定位点和外形参数即可获得，从而提高了建模效率。

1. 长方体

下面介绍应用 UG NX 12.0 创建长方体的过程。

进入建模模式，通过菜单【插入】|【设计特征】|【长方体】命令或"主页"选项卡中"特征"功能区的"更多"下拉三角形，选择"长方体"工具按钮 🔲，可以打开"长方体"对话框，具体过程如图 2-14 所示。此处定义长方体原点为 WCS 原点，从图中可以看到嵌于长方体操作对话框中的布尔运算。

2. 圆柱体

通过菜单【插入】|【设计特征】|【圆柱体】命令或"主页"选项卡中"特征"功能区的"更多"下拉三角形，选择"圆柱体"工具按钮 🔲，可以打开"圆柱"对话框，具体操作过程如图 2-15 所示。此处定义圆柱矢量为+ZC 方向，圆柱原点为 WCS 原点，从图中可以看到嵌于圆柱对话框中的布尔运算。

3. 圆锥体

通过菜单【插入】|【设计特征】|【圆锥体】命令或"主页"选项卡中"特征"功能区的

"更多"下拉三角形，选择"圆锥体"工具按钮 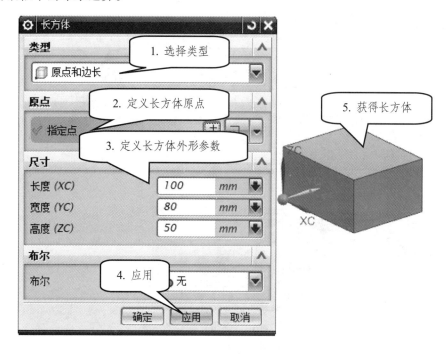，可以打开"圆锥"对话框，具体操作过程，如图 2-16 所示。此处定义圆锥矢量为+ZC 方向，圆锥原点为 WCS 原点，从图中可以看到嵌于圆锥对话框中的布尔运算。

图 2-14　"长方体"对话框

图 2-15　"圆柱"对话框

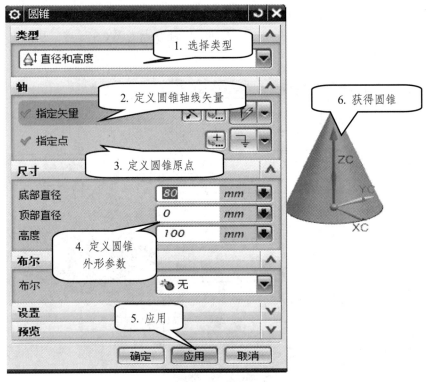

图 2-16 "圆锥"对话框

4. 球　体

通过菜单【插入】|【设计特征】|【球】命令或"主页"选项卡中"特征"功能区的"更多"下拉三角形，选择"球"工具按钮 ⬤ ，可以打开"球"对话框，具体操作过程，如图 2-17 所示。此处定义球中心点为 WCS 原点，从图中可以看到嵌于对话框中的布尔运算。

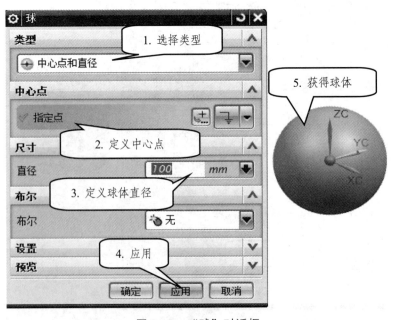

图 2-17 "球"对话框

2.2.3 基于草图截面的特征

基于草图截面的特征是先绘制创建实体特征所需要的草图特征，再对草图执行一定的三维操作，即可获得实体特征。

1. 拉　伸

执行【插入】|【设计特征】|【拉伸】命令或"特征"功能区的"拉伸"工具按钮 ，打开"拉伸"对话框，如图 2-18 所示。

（1）表区域驱动：用于选取或创建拉伸的截面曲线。

（2）指定矢量：用于定义拉伸实体的成长方向，缺省方向为截面的法向方向。

（3）开始与结束：指定拉伸方向的起始和结束位置。

① 值：用于输入拉伸的距离值。

② 对称值：该值用于约束生成的拉伸特征关于选取的截面成对称成长。

③ 直至下一个：拉伸体的整个截面必须全部到达下一个对象面，如果只有一部分截面到达下一个对象面，则拉伸特征不会停止，继续拉伸直至该截面完全出现在对象面为止。

④ 直至选定对象：拉伸体的整个截面必须全部到达选定对象面，如果只有一部分截面到达选定对象面，则系统无法计算。

⑤ 直至延伸部分：所有截面都会在选取的对象面处停止，无论拉伸截面是否完全到达，拉伸实体都会停止在该面。

⑥ 贯通：拉伸实体沿矢量方向完全穿过所有的实体生成拉伸特征。

（4）布尔：在拉伸的同时可以进行布尔运算；

图 2-18　"拉伸"对话框

下面通过实例介绍拉伸操作过程。

（1）新建文件，"特征"功能区的"拉伸"工具按钮 ，打开"拉伸"对话框，单击对话框中"绘制截面"工具，打开"创建草图"对话框，单击"确定"进入草图模式，绘制图2-19所示的截面曲线。

（a）定义草图平面

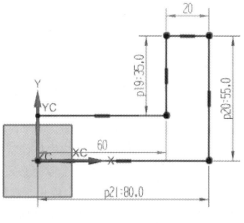

（b）绘制草图截面曲线

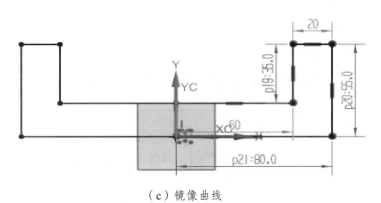

（c）镜像曲线

图 2-19　绘制截面曲线

（2）单击完成工具 ，完成截面曲线的草图绘制，退出草图模式，回到"拉伸"对话框，定义拉伸方向和拉伸深度后，单击"确定"或"应用"完成拉伸特征的创建，如图2-20所示。

2．旋　转

执行【插入】|【设计特征】|【旋转】命令或"特征"功能区的"旋转"工具按钮 ，打开"旋转"对话框，如图2-21所示。

（1）表区域驱动：用于选取或创建拉伸的截面曲线。

（2）轴：指定直线或矢量轴为旋转轴方向并选取旋转轴点，由轴点和矢量构成旋转轴。

（3）开始与结束：定义开始和结束的角度。

（4）布尔：指定旋转体和其它实体进行布尔运算。

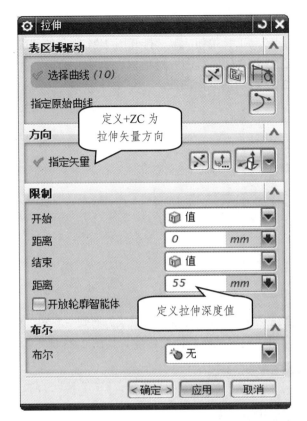
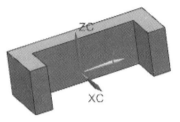

图 2-20   "拉伸"对话框

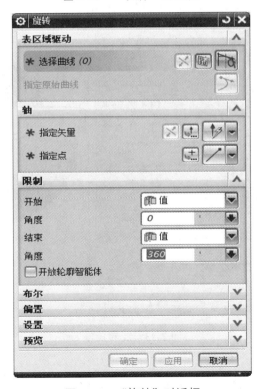

图 2-21   "旋转"对话框

下面通过实例介绍旋转操作过程。

（1）新建文件，"特征"功能区的"旋转"工具按钮 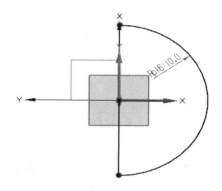，打开图 2-21 所示的"旋转"对话框，单击对话框中"绘制截面"工具，打开"创建草图"对话框，单击"确定"进入草图模式，利用直线工具和圆弧工具绘制图 2-22 所示的截面曲线。

图 2-22　旋转截面

（2）单击完成工具 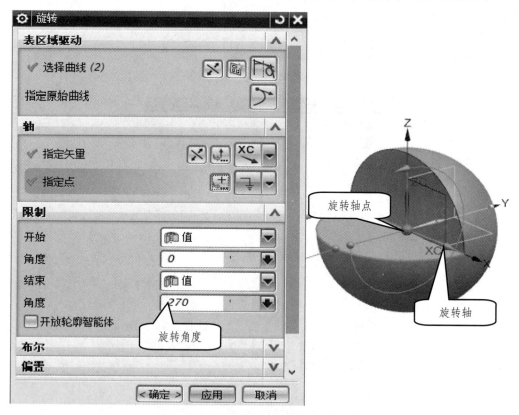，完成截面曲线的草图绘制，退出草图模式，回到"旋转"对话框，定义旋转轴和角度，单击"确定"或"应用"完成旋转特征的创建，如图 2-23 所示。

图 2-23　旋转操作

3. 沿引导线扫掠

沿引导线扫掠是将一个截面图形沿引导线扫描获得实体的方法，其中的引导线可以是直线或曲线，下面通过实例介绍其过程。

　　扫描本章末二维码获取文件"chap02/扫掠/saolue.prt"，执行菜单【插入】|【扫掠】|【沿引导线扫掠】或选项卡"主页"|"特征"|"更多"下面的"沿引导线扫路"工具 🔧，根据图 2-24 进行操作。

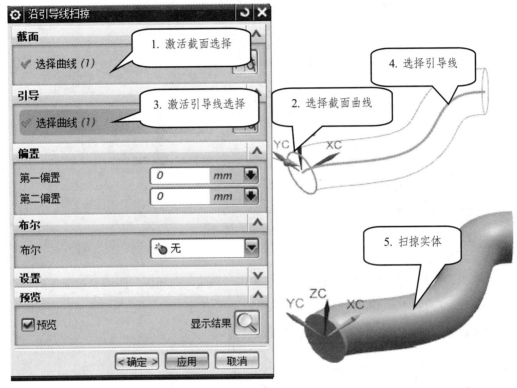

图 2-24　沿引导线扫掠

2.3　曲　线

　　曲线在 UG NX 12.0 中应用十分广泛，它是曲面建模的基础，也常用作建模的辅助线，创建的曲线还可以添加到草图中进行参数化设计。曲线可以是二维曲线，也可以是三维曲线，它和草图中曲线的区别是，草图中的曲线位于草图平面是二维曲线，而利用曲线工具绘制的曲线可以是二维曲线，也可以是三维曲线，一般作为空间曲线使用。利用曲线工具绘制二维曲线时，很多操作与图 2-10 草图环境的草图绘制命令操作相似。

2.3.1　曲线的绘制

　　曲线绘制的很多命令可以通过菜单或工具栏获得，用户可以根据个人习惯选择使用。

　　1. 直　线

　　执行菜单【插入】|【曲线】|【直线】或单击"曲线"选项区"曲线"功能区的"直线"工具按钮 ✏，分别定义直线的起点和终点即可创建直线，如图 2-25 所示。

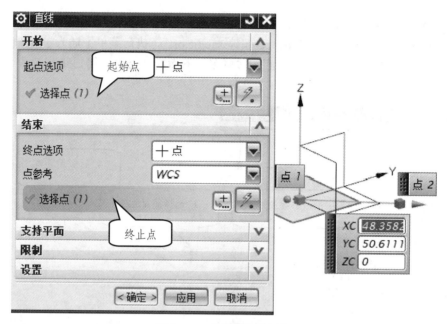

图 2-25   "直线"对话框

2. 圆弧/圆

执行菜单【插入】|【曲线】|【圆弧/圆】或单击"曲线"选项区"曲线"功能区的"圆弧/圆"工具按钮 ，打开"圆弧/圆"对话框，如图 2-26 所示。

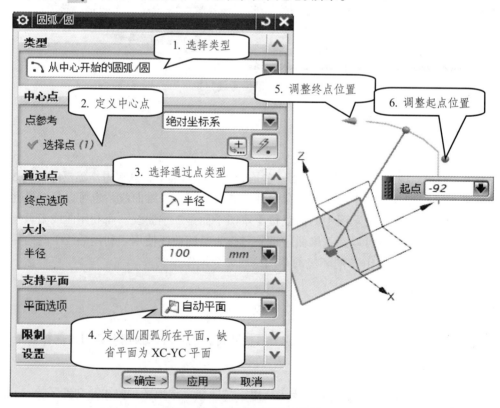

图 2-26   "圆弧/圆"对话框

3. 艺术样条曲线

执行菜单【插入】|【曲线】|【艺术样条】或单击"曲线"选项区"曲线"功能区的"艺术样条"工具按钮 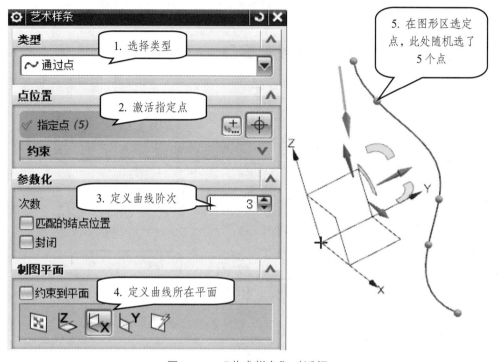 ，打开"艺术样条"对话框，如图 2-27 所示。

图 2-27   "艺术样条"对话框

2.3.2   曲线的编辑

曲线的编辑主要用于编辑曲线参数，曲线的修剪或分割等。

1. 编辑参数

执行菜单【编辑】|【曲线】|【参数】，弹出如图 2-28 所示的"编辑曲线参数"对话框，选择要编辑参数的曲线后，自动进入曲线对应的对话框，用户可以开始编辑曲线对应参数。

图 2-28   "编辑曲线参数"对话框

2. 修剪曲线

扫描本章末二维码获取文件"chap02/曲线/xiujian.prt"，执行菜单【编辑】|【曲线】|【修剪曲线】或单击"编辑曲线"功能区的"修剪曲线"工具 ，弹出如图 2-29 所示的

"修剪曲线参数"对话框。

（1）要修剪的曲线：被修剪的曲线。

（2）边界对象：用于修剪曲线的工具。

（3）修剪或分割：两个选项二选一，当选择"修剪"时，"选择区域"一项可用于定义鼠标选择处的曲线为保留区域或放弃区域。

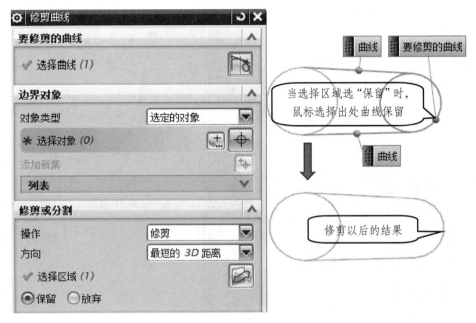

图 2-29　修剪曲线

3. 分割曲线

分割曲线工具用于将完整的一段曲线分成若干段，相当于将曲线打断。

扫描本章末二维码获取文件 chap02/曲线/xiujian.prt， 执行菜单【编辑】|【曲线】|【分割曲线】，弹出如图 2-30 所示的"分割曲线"对话框，将图中的圆分割为 4 段。

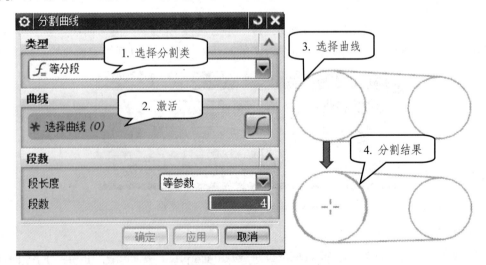

图 2-30　"分割曲线"对话框

2.3.3 曲线的操作

1. 偏置曲线

偏置曲线可以用于偏置草图、圆弧、二次曲线、样条曲线，实体边等对象，通过选定的参照曲线在垂直方向上进行偏置。

扫描本章末二维码获取文件"chap02/曲线/pianzhi.prt"，执行【插入】|【派生曲线】|【偏置】命令，或点击"派生曲线"功能区的"偏置曲线"工具 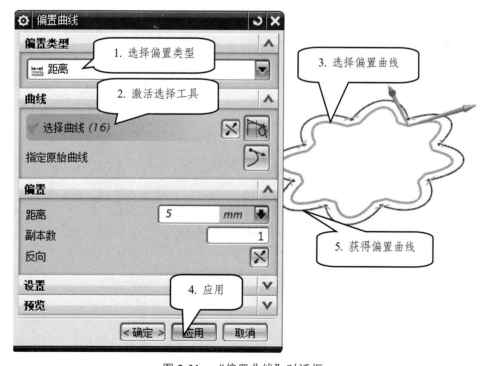，打开如图 2-31 所示的"偏置曲线"对话框，选择偏置曲线，定义偏置距离和方向后获得偏置曲线。偏置曲线类型包括：

（1）距离：在输入曲线所在平面上的偏置距离处生成偏置曲线。

（2）拔模：在输入曲线所在平面平行的平面上，生成一定角度和高度的偏置曲线。

（3）规律控制：在输入曲线所在平面上，用规律类型指定的规律得到的距离处生成曲线。

（4）三维轴向：通过指定距离和方向，生成共面三维曲线的偏置曲线，默认的方向为+ZC轴。

此外，"偏置曲线"对话框的参数有偏置平面上的点、副本数、修剪等参数，它们的含义如下：

（1）偏置平面上的点：当偏置对象为一条直线时，系统无法确定偏置的平面位置，需要补充一点，达到 3 点确定一个平面的目的。

（2）副本数：创建多个偏置曲线时设置的偏置曲线数目。

（3）输入曲线：原曲线的状态定义有 4 种情况，即保持（保持原有曲线不变）、隐藏（原曲线隐藏）、删除（删除原曲线，非关联使用）、替换（替换原曲线，非关联使用）。

（4）修剪：定义偏置曲线时处理相交点的方式，包括无、相切、延伸（偏置曲线相交点自然延伸）、圆角（相交点处倒圆角，圆角半径等于偏置距离）。

图 2-31　"偏置曲线"对话框

2. 在面上偏置曲线

在面上偏置曲线将在实体表面或片体上，沿着垂直于原始曲线的面截面方向创建偏置曲线，可以是关联也可以非关联。

扫描本章末二维码获取文件"chap02/曲线/offset_onsurf.pat"，执行菜单【插入】|【派生曲线】|【在面上偏置】或单击"曲线"选项卡"派生曲线"功能区的"在面上偏置曲线"工具按钮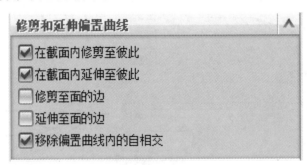，打开"在面上偏置曲线"对话框，根据图 2-32 进行操作。

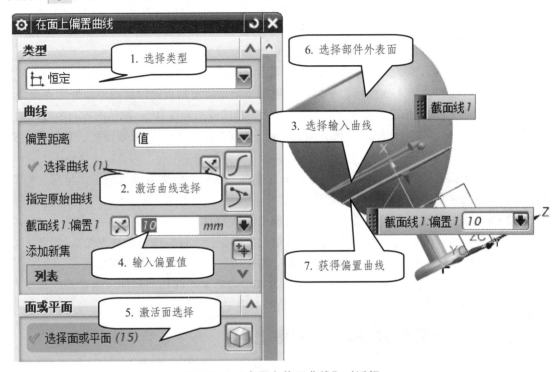

图 2-32   "在面上偏置曲线"对话框

偏置时的修剪选项如图 2-33 所示。

修剪和延伸偏置曲线
- ☑ 在截面内修剪至彼此
- ☑ 在截面内延伸至彼此
- ☐ 修剪至面的边
- ☐ 延伸至面的边
- ☑ 移除偏置曲线内的自相交

图 2-33   修剪选项

（1）在截面内修剪至彼此：指定如何修剪同一截面内两条曲线之间的拐角。延伸两条曲线的切线以形成拐角并对切线进行修剪。

（2）在截面内延伸至彼此：指定如何延伸同一截面内两条曲线之间的拐角，以延伸两条曲线的切线形成拐角。

（3）修剪至面的边：是否将曲线修剪至面的边缘。

（4）延伸至面的边：是否将曲线延伸至面的边缘。

（5）移除偏置曲线内的自相交：是否将自相交的位置曲线移除。

3. 投影曲线

投影曲线是将曲线、边、点投影到片体、实体表面和基准平面上，投影时可以调整投影方向对应的矢量、点或面的法向或者和它们之间的角度。

扫描本章末二维码获取文件"chap02/曲线/touying.prt"，进入建模模式，执行菜单【插入】|【派生曲线】|【投影】或单击"曲线"选项卡"派生曲线"功能区的"投影曲线"工具按钮 ，打开"投影曲线"对话框，根据图 2-34 进行"沿矢量"方向的投影曲线操作。

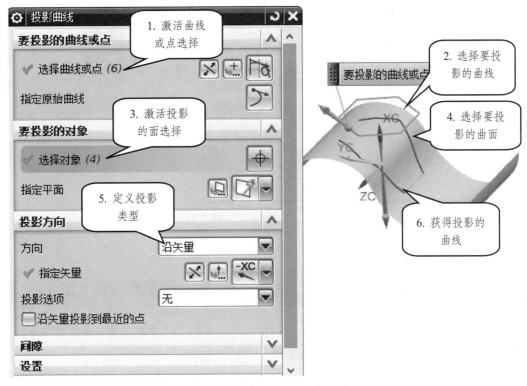

图 2-34 "投影曲线"对话框

在定义投影方向时有几个选项：

（1）沿矢量：使用指定矢量作为投影方向。

（2）沿面法向：系统默认的投影方向，使用面的法向作为投影方向。

（3）朝向点：通过指定点控制曲线将朝向哪个点投影。

（4）朝向直线：通过指定直线控制曲线将朝向哪条直线投影。

（5）与矢量成角度：与指定矢量呈指定角度投影选定曲线。

4. 截面曲线

截面曲线是通过指定平面与体、面、平面和/或曲线之间创建相交几何体，如果是平面与曲线相交将创建一个或多个点。

扫描本章末二维码获取文件"chap02/曲线/jiemian.prt"，进入建模模式，执行菜单【插入】|【派生曲线】|【截面】或单击"曲线"选项卡"派生曲线"功能区的"截面曲线"工具按钮 ，打开"截面曲线"对话框，根据图 2-35 进行截面曲线操作。

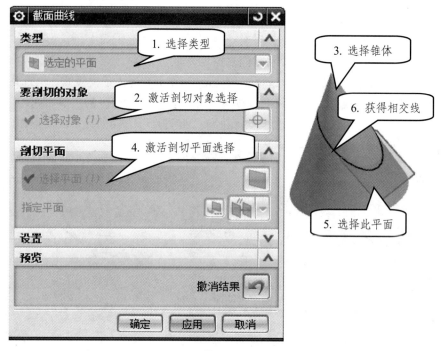

图 2-35　"截面曲线"对话框

在截面曲线时，包含不同类型：

（1）选定平面：通过选定平面创建截面曲线。

（2）平行平面：通过一组平行平面，步长值以及起始和终止距离来创建截面曲线，如图 2-36（a）所示。

（3）径向平面：通过指定径向平面的枢轴和一个点来定义径向平面集、步长值以及起始、终止角来创建截面曲线，如图 2-36（b）所示。

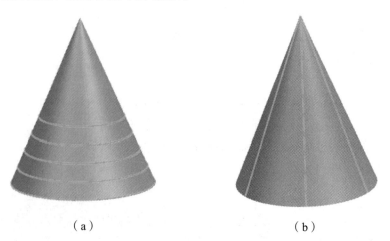

（a）　　　　　　　　　　　　　　（b）

图 2-36　平行平面和径向平面

（4）垂直于曲线的平面：通过指定多个垂直于曲线或边缘的剖切平面来创建截面曲线，有多个选项控制剖切平面沿曲线的间距。

5. 相交曲线

相交曲线用于创建两组面相交获得的相交曲线，相交曲线是关联的，随相交面的变化而变化，相交面可以是实体表面、片体以及基准平面等。

扫描本章末二维码获取文件"chap02/曲线/xiangjiao.prt"，进入建模模式，执行菜单【插入】|【派生曲线】|【相交】或单击"曲线"选项卡"派生曲线"功能区的"相交曲线"工具按钮 ✎，打开"相交曲线"对话框，根据图 2-37 进行相交曲线操作。

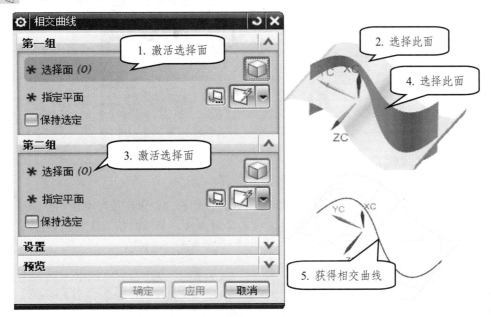

图 2-37 "相交曲线"对话框

注意，选择相交曲线的面组时可以是曲面，也可以是平面，但不要同时为基准平面或平行不相交的曲面。

6. 桥接曲线

桥接曲线用于对不连续的两曲线或边缘进行连接，并施加约束。连接的类型主要为位置连续 G0、相切连接 G1、曲率连接 G2、曲率变化连接 G3。

（1）连续性

① 位置连续 G0：指两曲线端点连接或两曲面边缘重合，在连接处的切线方向和曲率均可能存在不一致的情况，属于连续性中级别最低的一种。

② 相切连接 G1：两曲线端点不仅在端点处重合，而且切线方向一致，这种连续性的曲线或曲面不会有尖锐的连接接缝，但很容易在连接处出现曲率突变而造成曲面中断的感觉。

③ 曲率连接 G2：除了符合 G0、G1 两种连续性特征外，两曲线或曲面在连接处的曲率也相同，因此这种连续性的曲线或曲面没有尖锐接缝，也不会出现曲率的突变而导致中断的感觉，曲线或曲面光顺性较好。

④ 曲率的变化连续 G3：除了符合 G0、G1、G2 的特征外，在连接处的曲率的变化率也是

连续的，这种曲率的变化更加平顺，因此曲面更加流畅，但需要更高阶次的曲线或曲面，设计难度也更大，主要用于光顺度要求更高的汽车或飞机设计。

（2）形状控制。

形状控制选项组如图 2-38 所示，其各个参数含义如下。

① 方法：以交互方式调整桥接曲线的形状，包括相切幅值、深度和歪斜度、模板曲线 3 种。

② 开始：用于开始处相切幅值的控制，可以在 0~5 调节，值越大相切程度越大。

③ 结束：用于结束处相切幅值的控制，可以在 0~5 调节，值越大相切程度越大。

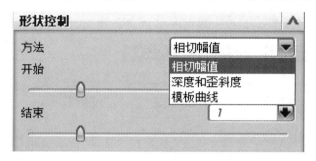

图 2-38　"形状控制"选项卡

（3）桥接曲线属性。

桥接曲线属性选项卡如图 2-39 所示。

① 位置：用于定义桥接曲线端点处于连接对象的位置，如果连接对象是断开曲线，一般都在曲线的端点，如果连接曲线是封闭的曲线或特殊曲线，调节时输入百分比来控制。

② 方向：用于定义桥接曲线的方向。

③ 反向：反转起点或终点处的曲线方向。

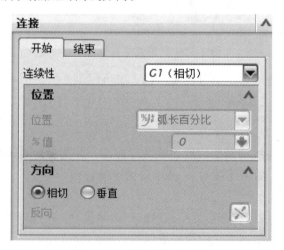

图 2-39　"连接"选项卡

下面通过实例介绍其使用方法。

扫描本章末二维码获取文件"chap02/曲线/qiaojie.prt"，进入建模模式，执行菜单【插入】|【派生曲线】|【桥接】或单击"曲线"选项卡"派生曲线"功能区的"桥接曲线"工具按钮，打开"桥接曲线"对话框，根据图 2-40 进行桥接曲线操作。

42

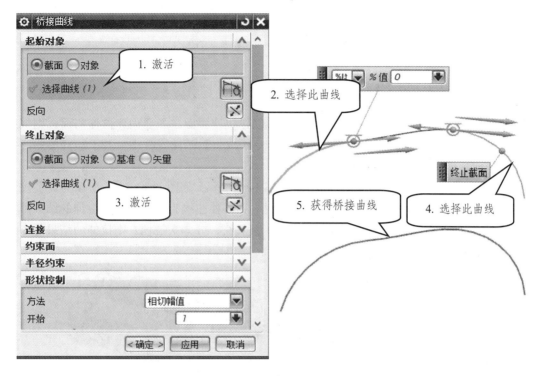

图 2-40　"桥接曲线"对话框

7. 复合曲线

复合曲线用于复制，输入曲线可以是单条曲线，边缘、多条曲线或尾部相连的曲线链，也允许选择自相交链。

扫描本章末二维码获取文件"chap02/曲线/fuhe.prt"，进入建模模式，执行菜单【插入】|【派生曲线】|【复合曲线】或单击"曲线"选项卡"派生曲线"功能区的"复合曲线"工具按钮 ，打开"复合曲线"对话框，根据图 2-41 进行复合曲线操作。在选择曲线时，可以通过图 2-42 的曲线规则框辅助曲线选择。

图 2-41　"复合曲线"对话框

图 2-42　曲线规则

2.4 曲　面

2.4.1　常规曲面创建

1. 拉伸曲面

拉伸曲面的操作与拉伸实体的过程，都需要创建拉伸曲面。如要创建拉伸曲面，则被拉伸的截面必须是开放曲线，若截面是封闭曲线，只需要将封闭曲线分割成若干段开放曲线后再各自拉伸成片体，就可以拉伸成封闭曲面了。

扫描本章末二维码获取文件"chap02/曲面/lasheng.prt"，如图 2-43（a）所示为需要拉伸的曲线，如果在拉伸过程汇总同时选择 4 条直线，则拉伸曲线为封闭曲线，拉伸的结果是实体，如图 2-43（b）所示；如果在拉伸中只选择 1 条直线，分 4 次拉伸，则拉伸的结果是 4 个片体，如图 2-43（c）所示。

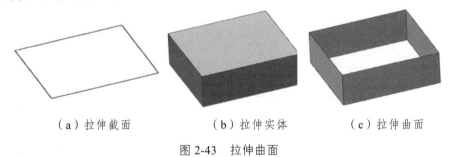

（a）拉伸截面　　　　　　　（b）拉伸实体　　　　　　　（c）拉伸曲面

图 2-43　拉伸曲面

2. 旋转曲面

旋转曲面的操作与旋转实体的过程相同，唯一不同的是在"设置"选项的"体类型"中，将"实体"调整为"片体"。

扫描本章末二维码获取文件"chap02/曲面/rotate.prt"，根据图 2-44 进行旋转曲面的创建。

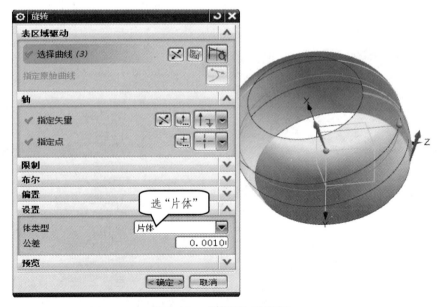

图 2-44　"旋转"对话框

3. 有界平面

有界平面是通过平面内的封闭边界来创建填充的曲面，下面通过实例介绍其创建过程。

扫描本章末二维码获取文件"chap02/曲面/youjie.prt"，进入建模模式，执行菜单【插入】|【曲面】|【有界平面】或单击"曲面"选项卡"曲面"功能区的"有界平面"工具按钮 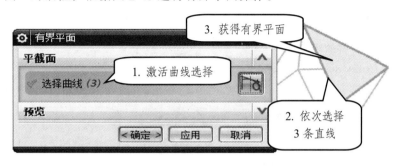，打开"有界平面"对话框，根据图 2-45 进行有界平面操作。

图 2-45   "有界平面"对话框

2.4.2   由曲线构造曲面

1. 直纹曲面

直纹曲面是通过两条曲线链创建曲面或实体，它是通过一组假想的直线，将两组截面线串之间的对应点连接起来而形成曲面，两组曲线之间不可以交叉且方向一致，选择的对象可以是曲线、边缘或点等。直纹曲面上有多种对齐方式，如参数、圆弧长、根据点等。

扫描本章末二维码获取文件"chap02/曲面/zhiwen.prt"，进入建模模式，执行菜单【插入】|【曲面】|【有界平面】或单击"曲面"选项卡"曲面"功能区的"更多"工具按钮下面的"直纹"工具 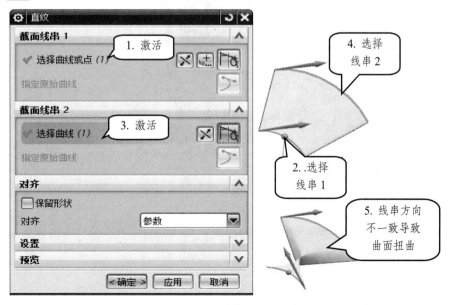，打开"直纹"对话框，根据图 2-46 进行直纹曲面创建。

图 2-46   "直纹曲面"对话框

注意，在选完线串1后要按鼠标中建确认后才能继续去选择线串2，此外选择线串时鼠标点击的位置附近端点即是线串的起点，两组线串的起始点最好在同一侧，否则构造的直纹曲面会存在扭曲变形。

2. 通过曲线组

直纹面是通过两条曲线获得曲面，而通过曲线组可以通过两条或两条以上的曲线创建曲面或实体。

扫描本章末二维码获取文件"chap02/曲面/quxianzu.prt"，进入建模模式，单击"曲面"选项卡"曲面"功能区的"通过曲线组"工具 ，打开"通过曲线组"对话框，根据图2-47进行曲面创建。

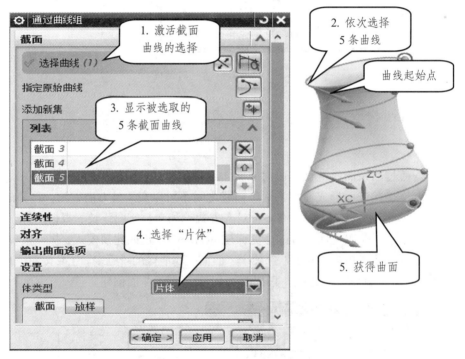

图 2-47 "通过曲线组"对话框

注意事项：

（1）在选择截面曲线时，注意鼠标的选择位置，鼠标选择附近将作为曲线的起始点，只有起始点在同一侧且方向一致时，才能获得光顺的曲面而不至于扭曲变形。

（2）在选取每条截面曲线后，要按鼠标中键确定才有效，且被选择的曲线颜色会发生变化。

（3）如果将图2-47中"设置"选项卡的体类型设置为"实体"，获得的不是曲面而是实体。

3. 通过曲线网格

"通过曲线网格"通过控制两个方向的两组曲线及相应的4个连续性来创建曲面，创建的曲面更为复杂，但是通过曲线网格没有"通过曲线组"对话框中的"对齐"选项，因此选取的曲线链应尽量相切连续。

扫描本章末二维码获取文件"chap02/曲线/quxianwg.prt"，进入建模模式，单击"曲面"选项卡"曲面"功能区的 "通过曲线网格"工具 ，打开"通过曲线网格"对话框，根据

46

图 2-48 进行"通过曲线网格"曲面的创建,其中 YC 方向的 3 条曲线为主曲线,ZC 方向的另 3 条曲线为交叉曲线,列表一栏显示所选曲线。

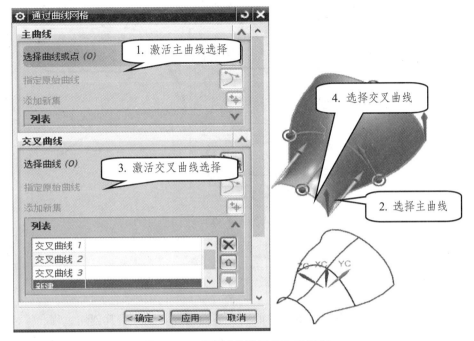

图 2-48 "通过曲线网格"对话框

由图 2-49 可知,"通过曲线网格"对话框中包含控制曲线的 4 个连续性选项。

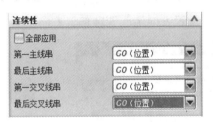

图 2-49 "连续性"选项

注意事项:

(1)在选择曲线时,注意鼠标的选择位置,鼠标选择位置决定曲线的起始点位置,只有起始点在同一方向时,才能获得光顺的曲面而不至于扭曲变形。

(2)无论是主曲线,还是交叉曲线,在选取完每条曲线后,要按鼠标中键确定才有效,且被选择的曲线颜色会发生变化。

4. *N* 边曲面

N 边曲面是通过一组端点相连的曲线创建曲面,可以通过曲线、实体或片体的边来获得曲面,该方法可用于注塑模分模设计时模型的破孔修补。

扫描本章末二维码获取文件"chap02/曲面/N_bianqm.prt",进入建模模式,单击"曲面"选项卡"曲面"功能区"更多"下面"*N* 边曲面"工具 ,打开"*N* 边曲面"对话框,根据图 2-50 进行 *N* 边曲面的创建,依次选取零件上表面孔外侧边界曲线,获得 *N* 边曲面。

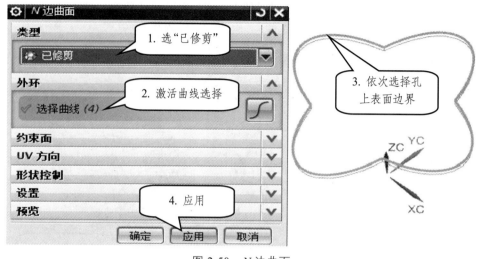

图 2-50 N 边曲面

2.4.3 由曲面构造曲面

1. 偏置曲面

偏置曲面是通过偏置的方法获得新的曲面，下面通过实例介绍其创建过程。

扫描本章末二维码获取文件"chap02/曲面/qumianpzh.prt"，进入建模模式，执行菜单【插入】|【组合】|【缝合】或单击"曲面"选项卡"曲面操作"功能区中的 "偏置曲面"工具 ，打开"偏置曲面"对话框，根据图 2-51 进行偏置曲面的创建。

在偏置曲面时，可以通过偏置方向箭头调整偏置方向。

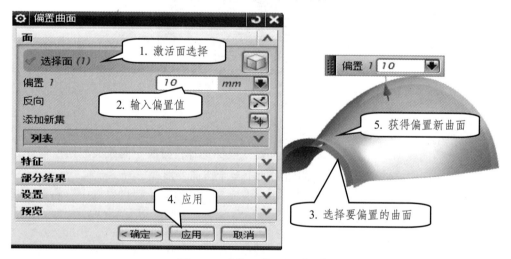

图 2-51 "偏置曲面"对话框

2. 延伸曲面

延伸曲面通过延伸已有曲面的曲线或边得到延伸面。

扫描本章末二维码获取文件"chap02/曲面/qumianysh.prt"，进入建模模式，或单击"曲面"选项卡"曲面"功能区"更多"下面 "延伸曲面"工具 ，打开"延伸曲面"对话框，根据图 2-52 进行延伸曲面的创建。

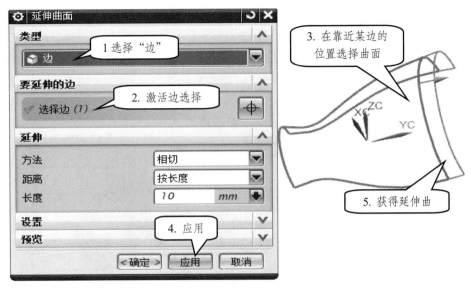

图 2-52　"延伸曲面"对话框

3. 修剪片体

修剪片体能同时修剪多个片体，其输出可以是分段的，修剪的片体在选择目标片体时，鼠标的位置同时也定义了区域点。如果曲线不在曲面上，可以不额外进行投影操作，投影操作内嵌于修剪片体的对话框内。

扫描本章末二维码获取文件"chap02/曲面/xiujianpt.prt"，进入建模模式，或单击"曲面"选项卡"曲面操作"功能区中的 "修剪片体"工具 ，打开"修剪片体"对话框，根据图 2-53 进行修剪片体的操作，鼠标点击处的目标体区域默认为保留区域。

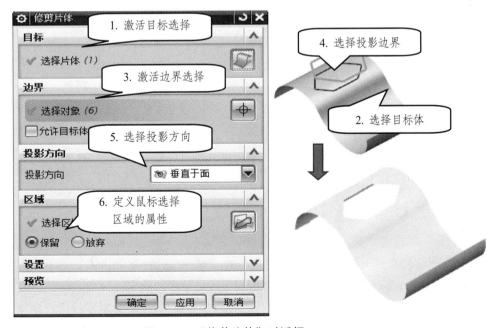

图 2-53　"修剪片体"对话框

4. 缝合曲面

缝合曲面是将两个或多个片体连接成一个片体,若这些片体包围形成一定体积,则创建一个实体。选定片体的任何缝隙都不能大于指定公差,否则将获得一个片体,而非实体。

扫描本章末二维码获取文件"chap02/曲面/fengheqm.prt",进入建模模式,执行菜单【插入】【组合】|【缝合】或单击"曲面"选项卡"曲面操作"功能区中 "缝合"工具 📖 ,打开"缝合"对话框,根据图 2-54 进行缝合曲面的操作,选择其中的 1 个面为目标片体,另外 7 个片体为工具片体,缝合以后的曲面是一个完整的曲面。

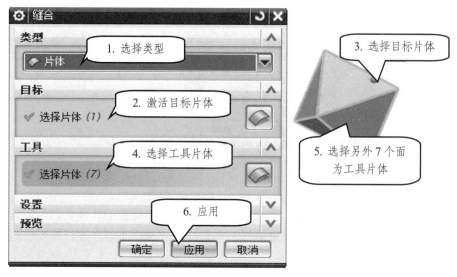

图 2-54   "缝合"对话框

2.5   装配设计

UG 装配是在部件之间建立装配约束关系,以此确定部件在装配体中的位置。在装配体中,部件的几何体是被装配引用而不是被复制,因此在编辑或修改部件时,整个装配体都会保持关联性。

2.5.1   UG NX 12.0 装配过程

1. 装配文件的新建

打开 UG NX 12.0 软件,执行【新建】,弹出"新建"对话框,点击名称栏下的"装配",并定义装配体文件名称和文件存放路径,如图 2-55 所示。

2. 装配零件的添加、定位及放置

切换到装配模式,执行【装配】选项,在"组件"功能区点击【添加】工具按钮。通过点击 📄 图标进行零件添加,选择需要添加的零件后单击"确定"完成。添加完成后,通过单击【选择对象】选项使所添加零件被选中,接着通过单击 ✛ 图标对零件进行定位,通常将首个添加的零件固定在绝对坐标系原点。若放置位置不理想,可通过放置选项下的【移动】【约束】功能进行精确定位，如图 2-56 所示。

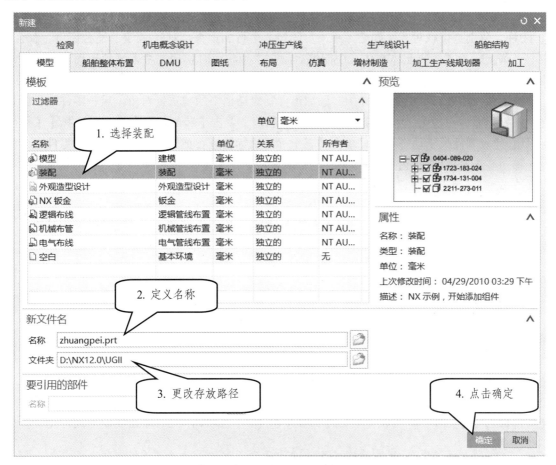

图 2-55　UG NX12.0 新建装配文件

图 2-56　添加组件

3. 零件的约束定位

首个零件添加完成后，继续添加的零件将通过零件之间的约束关系进行定位，约束类型共 11 种，分别是接触对齐、同心、距离、固定、平行、垂直、对齐/锁定、适合窗口、胶合、中心、角度。为了使装配体在仿真中能够运动，添加约束时切记要考虑清楚运动部件之间的相互关系。

继续添加零件，单击图 2-56 中"添加组件"对话框中的"选择对象"后，零件默认位置在绝对坐标系原点。为了避免新添加的零件被遮挡，单击【装配位置】选项，选择【工作坐标系】，此时零件处于动态，通过单击动态坐标系坐标轴进行拖动，可对所添加的零件进行移动，移动至无遮挡区域后，再对该零件进行装配约束定义。

4. 保　存

所有零件添加完成约束后，点击【文件】|【保存】|【全部保存】，关闭软件。

2.5.2　电风扇装配实例

下面以电风扇为例，介绍其装配过程。

（1）打开 UG NX 12.0 软件，执行【新建】选项，单击【装配】，将文件名称更改为"zhuangpei"，单击确定后完成装配文件的新建。

（2）点击 🖢 图标，选择名称为"dizuo"的零件后单击"确定"进行添加。添加完成后单击选择对象，此时所添加零件将会随鼠标移动，因此请勿随意单击鼠标。

（3）单击 ⊹ 图标进行零件初次定位。在输出坐标栏内【参考】选项选择"绝对坐标系-工作部件"，【X】选项输入 0，【Y】选项输入 0，【Z】选项输入 0，单击确定完成初定位。如图 2-57 所示。

图 2-57　定位

（4）单击"应用"，弹出【创建固定约束】对话框，点击【是】，完成首个零件的添加。

（5）单击 图标，添加名称为"shengjiangniu"的零件。【装配位置】选择【工作坐标系】，单击 YC 坐标轴沿正向拖动，使零件不被覆盖即可（每次添加零件均如此操作，后续不再赘述）。如图 2-58 所示，单击【放置】选项下【约束】，选择约束类型【同心】，先选择升降钮零件一侧圆弧，再选择底座筒侧凸圆进行同心约束，如图 2-59 和图 2-60 所示，单击"应用"完成约束。

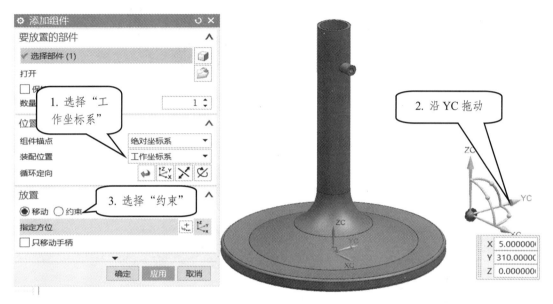

图 2-58　零件动态移动

图 2-59　选定升降钮圆弧

图 2-60　选定筒侧凸圆

（6）单击 图标，添加名称为"xiazhiguan"的零件。将零件移动至未遮挡区域，单击【放置】选项下【约束】，选择约束类型【同心】。先选择下支管底部圆，再选择底座底部圆进行同心约束，如图 2-61 和图 2-62 所示，单击应用完成约束。

图 2-61　选定下支管底部圆　　　　　　　　图 2-62　选定底座底部圆

（7）单击📋图标，添加名称为"shangzhiguan"的零件。将零件移动至未遮挡区域，单击【放置】选项下【约束】，选择约束类型【同心】。先选择下支管顶部圆，再选择上支管底部圆进行同心约束，如图 2-63 和图 2-64 所示，单击"应用"完成约束。

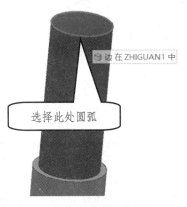

图 2-63　选定下支管顶部圆　　　　　　　　图 2-64　选定上支管底部圆

（8）单击📋图标，添加名称为"caozuomianban"的零件。将零件移动至未遮挡区域，单击【放置】选项下【约束】，选择约束类型【同心】。先选择上支管顶部圆，再选择操作面板底部圆进行同心约束，如图 2-65 和图 2-66 所示。单击应用后，由于操作面板位置发生偏转，选择【放置】选项下【移动】选项，若动态坐标系未被激活，则单击指定方位激活，绕 YC 轴旋转至正确位置，再次单击"应用"完成约束。

（9）单击📋图标，再次添加名称为"shangzhiguan"的零件。将零件移动至未遮挡区域，单击【放置】选项下【约束】，选择约束类型【接触】。先选择操作面板顶部凹圆，再选择上支管底部圆进行接触约束。单击【放置】选项下【约束】，选择约束类型【同心】。先选择操作面板顶部圆（注意与顶部凹圆不是同一圆），再选择上支管底部圆进行接触约束，如图 2-67 和图 2-68 所示，单击"应用"完成约束。

图 2-65　选定上支管顶部圆

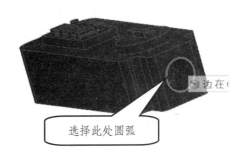

图 2-66　选定操作面板底部圆

图 2-67　选定操作面板顶部凹圆

图 2-68　选定操作面板顶部圆

（10）单击 图标，添加名称为"xiazhijia"的零件。将零件移动至未遮挡区域，单击【放置】选项下【移动】，绕 YC 轴旋转 180°，接着绕 ZC 轴旋转 90°。再单击【放置】选项下【约束】，选择约束类型【同心】。先选择上支管顶部圆，再选择下支架顶部圆进行同心约束，如图 2-69 和图 2-70 所示，单击"应用"完成约束。

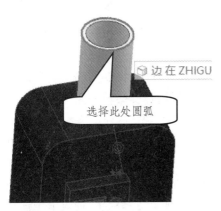

图 2-69　选定上支管顶部圆

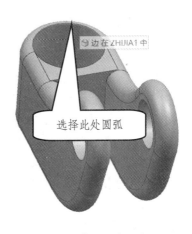

图 2-70　选定下支架顶部圆

（11）单击 图标，添加名称为"shangzhijia"的零件。将零件移动至未遮挡区域，单击【放置】选项下【移动】，绕 YC 轴旋转 90°。再单击【放置】选项下【约束】，选择约束类型【同心】。先选择上支架外侧圆，再选择下支架内侧圆进行同心约束，如图 2-71 和图 2-72 所示，单击应用"完成"约束。

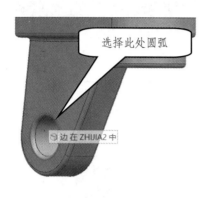

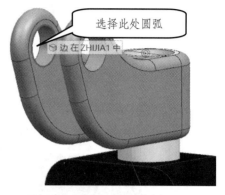

图 2-71　选定上支架外侧圆　　　　　　　图 2-72　选定下支架内侧圆

（12）单击 图标，添加名称为"zhijiazhou"的零件。将零件移动至未遮挡区域，单击【放置】选项下【移动】，绕 XC 轴旋转 90°。再单击【放置】选项下【约束】，选择约束类型【同心】。先选择支架轴外侧圆，再选择下支架外侧圆进行同心约束，如图 2-73 和图 2-74 所示，单击"应用"完成约束。

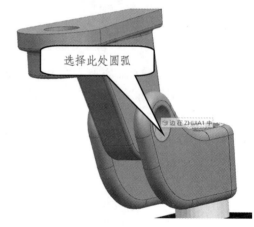

图 2-73　选定支架轴外侧圆　　　　　　　图 2-74　选定下支架外侧圆

（13）单击 图标，再次添加名称为"zhijiazhou"的零件。将零件移动至未遮挡区域，单击【放置】选项下【约束】，选择约束类型【同心】。先选择支架轴外侧圆，再选择上支架顶部圆进行同心约束，如图 2-75 所示，单击"应用"完成约束。

（14）单击 图标，添加名称为"houzuo"的零件。将零件移动至未遮挡区域，单击【放置】选项下【移动】，绕 XC 轴逆时针旋转 90°，接着绕 YC 轴顺时针旋转 90°。再单击【放置】选项下【约束】，选择约束类型【接触】。先选择后座底部，再选择上支架顶部平面进行接触约束，如图 2-76 和图 2-77 所示。最后再单击【放置】选项下【移动】，通过沿坐标轴平移使后座处于正确位置，如图 2-78 所示，单击"应用"完成约束。

图 2-75　选定上支架顶部圆

图 2-76　选定后座底部

图 2-77　选定上支架顶部平面

图 2-78　后座移动后的位置

（15）单击 图标，添加名称为"yepian"的零件。将零件移动至未遮挡区域，单击【放置】选项下【移动】，绕 YC 轴旋转 90°。再单击【放置】选项下【约束】，选择约束类型【同心】。先选择后座的凸圆，再选择风扇背面的内圆进行同心约束，如图 2-79 和图 2-80 所示。单击"应用"完成约束。在左侧装配导航器双击"yepian"，右键单击叶片，点击【从列表中选择】，选择"片体/体"，右键选择"隐藏"，再双击装配导航器中的"zhuangpei"，如图 2-81 所示。

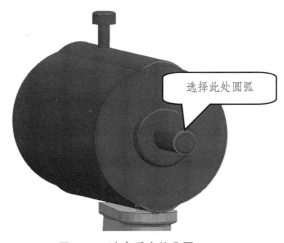

图 2-79　选定后座的凸圆

图 2-80 选定风扇背面内圆

图 2-81 选择片体/体

（16）单击 图标，添加名称为 "fengshanzhao" 的零件。将零件移动至未遮挡区域，单击 "应用"。再单击 图标，添加名称为 "houzhao00" 的零件。将零件移动至未遮挡区域，单击【放置】选项下【移动】，绕 ZC 轴旋转 180°。再单击【放置】选项下【约束】，选择约束类型【同心】。先选择风扇罩外侧圆，再选择后罩外侧圆（注意不是风扇罩与后罩所相交的圆）进行同心约束，如图 2-82 和图 2-83 所示，单击 "应用" 完成约束。

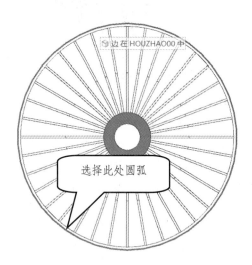

图 2-82 选定后罩外侧圆

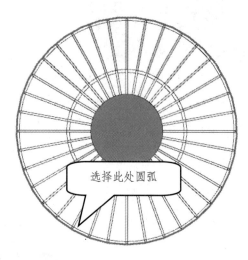

图 2-83 选择风扇罩外侧圆

（17）单击装配选项卡中【组件位置】中 装配约束图标，选择约束类型为【同心】。先选择后罩的外圆，再选择叶片中心空心圆柱的内圆进行同心约束，如图 2-84 至图 2-86 所示，单击 "应用" 完成约束。

（18）至此，电风扇装配结束，获得的总装配体如图 2-87 所示。单击【文件】|【保存】|【全部保存】，将文件全部保存。注意将所有零件与装配文件置于同一文件夹下，防止下次打开装配体文件时出现零件丢失。

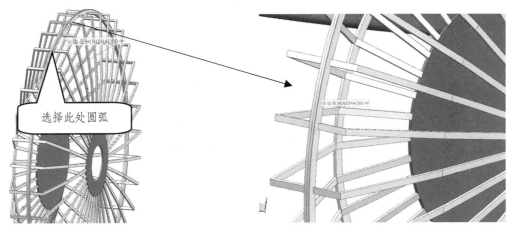

图 2-84　选定后罩外侧圆　　　　　　　　图 2-85　放大后罩外侧圆

图 2-86　叶片中心空心圆柱的内圆

图 2-87　总装配体

2.6　运动仿真

运动仿真是 UG NX 12.0 中的一个特殊分析功能模块，它能进行复杂的运动学分析、动力学分析以及仿真运动等，并验证运动机构设计的合理性，从而对机构进行优化。

2.6.1　运动仿真基本环境

打开 UG NX 12.0 软件，执行【新建】，单击【模型】，定义模型名称以及选择更改保存路径，单击"确定"按钮创建模型文件。单击"应用模块"选项卡，选择"仿真"功能区"运动"工具按钮 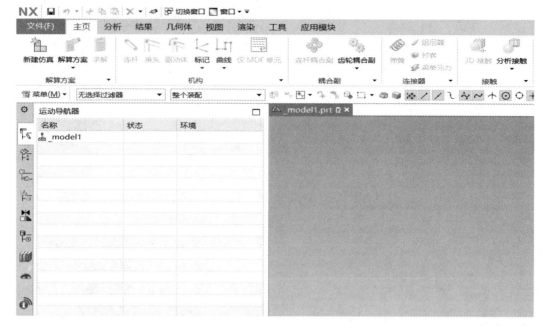 进入如图 2-88 所示的运动仿真界面。

图 2-88　UG NX 12.0 运动仿真界面

2.6.2　运动仿真过程

1. 加载模型

打开 UG NX 12.0，新建模型文件，单击【文件】选项，选择已装配好的文件，打开进入建模环境，单击"应用模块"选项卡，选择"仿真"功能区"运动"工具按钮 进入运动仿真界面。

2. 新建仿真文件

单击"新建仿真"按钮 ，在对话框中输入文件名然后选择保存路径，单击确定按钮系统自动弹出"环境"对话框，可进行分析类型、结算方案的选取，单击"确定"按钮，完成仿真文件的新建。

3. 定义连杆

单击"机构"功能区的"连杆"按钮 ，选择在运动过程中做同一运动或固定不动的组件为一个连杆，所有部件定义为连杆之后单击"确定"按钮。

注意：同一运动的判断包括运动类型、运动方式、运动参数、运动方向等，只有当这些都相同时才能定义为同一个连杆。

4. 添加运动副

单击"机构"功能区的"接头"按钮按钮 ，根据不同连杆之间的运动关系选择不同的运动副，定义好所有的运动副后设定原动件，给其添加驱动，单击"确定"按钮，完成运动副的添加。

5. 求 解

切换至左侧运动导航器，右键单击"motion"文件，选择新建解算方案，设置时长与步数注意步数越少分析越精细，点击"确定"按钮，系统自动解算，解算完成后，点击播放按钮完成该机构的运动仿真。

6. 保 存

单击【文件】|【保存文件】|【全部保存】，关闭软件。

2.6.3 运动仿真实例

下面以电风扇为例，介绍 UG NX 12.0 运动仿真的设计过程。

（1）打开 UG NX 12.0 软件，选择【文件】【打开】按钮，扫描本章末二维码获取文件"chap02/运动仿真/zhuangpei.prt"，进入建模模块。

（2）选择【应用模块】|【运动】选项，单击进入运动仿真界面。

（3）单击【新建仿真】 按钮，系统弹出图 2-89 所示"新建仿真"对话框，设置文件名称，确定保存路径，单击"确定"按钮。

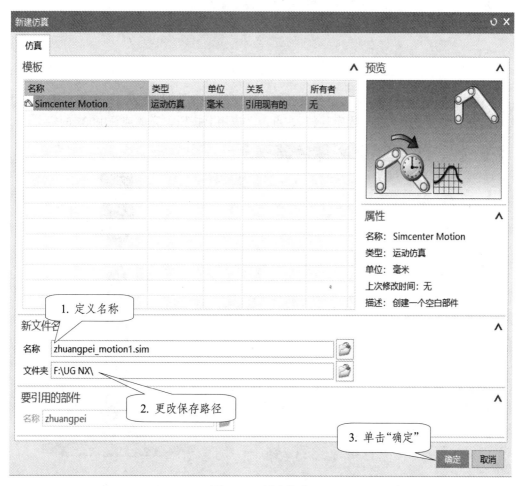

图 2-89 新建仿真

（4）在系统自动弹出的【环境】对话框中，选择"动力学"分析类型，同时勾选"基于组件的仿真"，取消勾选"新建仿真时启动运动副向导"，然后单击"确定"按钮，系统进入仿真环境，如图 2-90 所示。

图 2-90　环境

（5）单击【连杆】按钮，系统打开图 2-91 所示【连杆】对话框，选择如图 2-92 所示的支架部分，勾选"无运动副固定连杆"，点击"应用"按钮，完成连杆 L001 的定义。

图 2-91　创建连杆

图 2-92　固定支架

用相同方法，分别选择如图 2-93 至图 2-95 所示的部件以设置其余 3 个连杆，由于此 3 个连杆为运动部件，不需勾选"无运动副固定连杆"，完成之后单击"确定"按钮，同时在运动导航器中生成 4 个连杆，如图 2-96 所示。

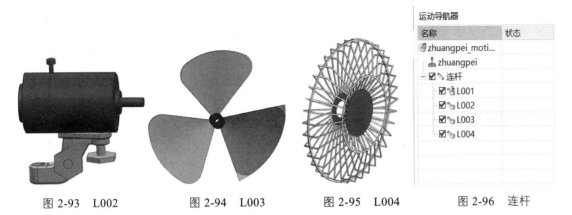

图 2-93　L002　　　　　图 2-94　L003　　　　　图 2-95　L004　　　　　图 2-96　连杆

（6）单击【接头】按钮　，系统弹出【运动副】对话框，选择【定义】选项，在【类型】下拉菜单中有"旋转副""滑块"等，本实例只用到旋转副，故选取旋转副。点击选取连杆，选择连杆 L002，同时指定原点为 L002 与 L001 连接圆弧处，指定矢量为运动平面的法线方向，此处为 ZC 轴，如图 2-97 和图 2-98 所示，完成后单击"应用"按钮。

图 2-97　定义运动副

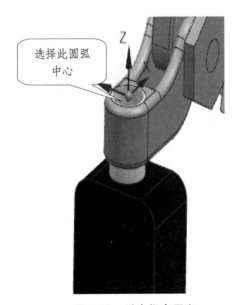

图 2-98　后座指定原点

（7）继续定义其他运动副。单击"选择连杆"选项，选取连杆 L003，指定如图 2-99 所示圆弧中心为指定原点，同时指定矢量为 XC 轴。由于连杆 L003 与连杆 L002 有一定的关联运动关系，即 L003 在运动时受 L002 带动会绕着 Z 轴旋转，仅仅定义其在 X 轴上的运动还不够，需要定义啮合连杆。单击"底数"下拉列表，点击"选择连杆"，因其有一定的独立运动，所以不勾选"啮合连杆"，选择 L002，如图 2-100 所示，单击"应用"按钮。同理选择连杆 L004，指定如图 2-101 所示圆弧中心为指定原点，指定矢量为 XC 轴，同时指定啮合连杆为 L002，由于 L004 没有自己的独立运动，其所有运动均由 L002 带动，所以此时勾选"啮合连杆"，指定原点与指定矢量的方法与之前相同，如图 2-102 所示，单击"确定"按钮，此时所有运动副定义完毕，在运动导航器中生成 J001、J002 以及 J003 旋转副，如图 2-103 所示。

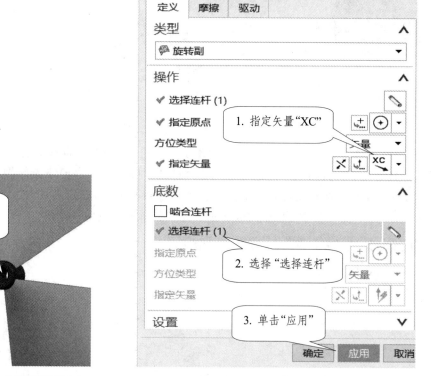

图 2-99　扇叶指定原点　　　　　　　　　　图 2-100　定义运动副

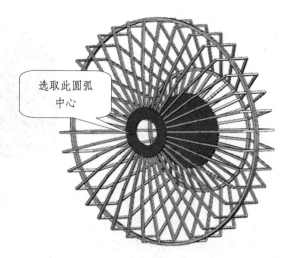

图 2-101　叶罩指定原点

图 2-102　定义运动副

图 2-103　生成的运动副

（8）添加驱动。本实例中有两个部分具有独立运动，分别是电风扇后座以及扇叶，因此需给它们分别添加驱动。点击运动导航器，右键单击运动副 J001，然后点击编辑，系统自动弹出【运动副】对话框，选择【驱动】选项，在"旋转"下拉列表中选择"谐波"，设置幅值为 90°，频率为 60°/s，如图 2-104 至图 2-106 所示，然后单击【确定】按钮，完成第一个驱动的添加，其中幅值为 90°是为了控制电风扇最大的转动角度为±90°，频率 60°/s 指电风扇每秒的转动角度。

按照相同方法给扇叶也添加驱动，右键单击运动副 J002，点击编辑，系统自动弹出【运动副】对话框，选择【驱动】选项，在"旋转"下拉列表中选择"多项式"，设置速度为 1080°/s（相当于每秒 3 圈），单击"确定"按钮，完成第二个驱动的添加。

图 2-104　选择运动副

图 2-105　选择驱动

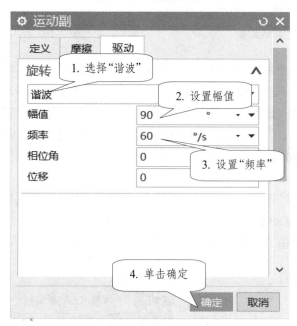

图 2-106　定义驱动

（9）完成全部连杆定义，运动副以及驱动的设置之后，可以开始进行求解。在 UG NX 12.0 中有 4 个运动求解器，它们分别是"Simcenter Motion""NX Motion""RecurDyn"以及"Adams"，其中"Simcenter Motion"和"RecurDyn"应用较多，本实例中选择"RecurDyn"。单击【文件】按钮，选择"实用工具"选项，单击其中的"用户默认设置"，勾选求解器类型为"RecurDyn"，其他设置按照系统默认，如图 2-107 所示，然后单击"确定"按钮，完成求解器的设置。

图 2-107　设置求解器

（10）完成求解器的设置后，开始进行求解。右键单击运动导航器中的"zhuangpei_motion1"，在列表中单击"新建解算方案" ☞ 选项，系统自动弹出【解算方案】对话框，设置时长为 20 s，步数为 500，指定重力方向，其余参数系统默认，如图 2-108 所示，然后单击"确定"按钮。

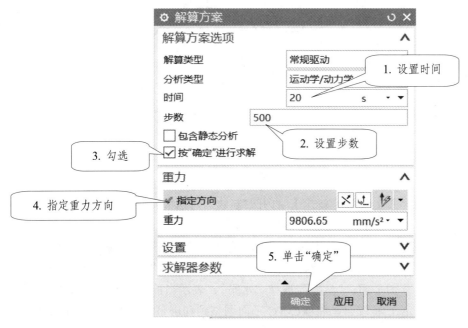

图 2-108　设置结算方案

（11）系统自动求解完成后，在运动导航器中生成"Solution_1"选项卡，点击其前面加号，在"结果"栏中选择"动画"按钮，双击"Default Animation"，系统自动运行仿真动作，如图 2-109 所示，也可在"功能区"中切换"结果"，单击【播放】按钮，如图 2-110 所示。

图 2-109　求解结果　　　　　　　　　　　　　　　　图 2-110　播放

（12）单击【文件】|【保存】|【全部保存】，整个仿真过程完成。

2.7　草图实例

应用 UG NX 12.0 的草图工具，绘制图 2-111 的草图截面。

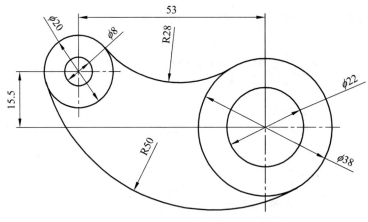

图 2-111　草图截面

（1）打开 UG NX 12.0，【文件】|【新建】，打开"新建"对话框，定义模型文件名及其目录路径，如图 2-112 所示，单击【确定】后，进入建模模式。

（2）选择"主页"选项卡，单击"直接草图"功能区的"草图"工具█，打开"创建草图"对话框，定义草图平面和方位，如图 2-113 所示，"平面方法"选择"自动判断"，表示默认用 XC-YC 平面为草图平面；"参考"选择"水平"，表示当前平面的 XC 将作为草图平面的 X 轴向，单击"确定"，系统自动将 XC-YC 平面调整到和屏幕重合的方位，如图 2-114 所示。

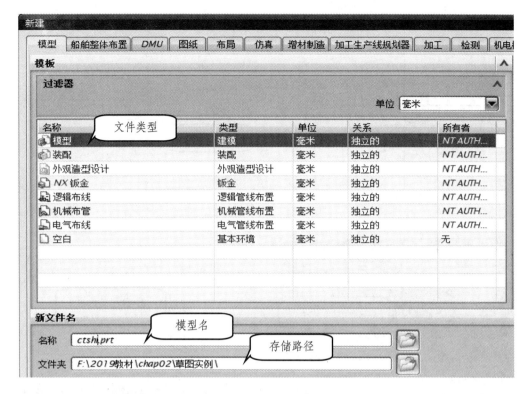

图 2-112　　"新建"对话框

（3）单击"直接草图"功能区中的"直线"工具 ✐，在图 2-114 的草图平面绘制图 2-115 所示的几条直线。

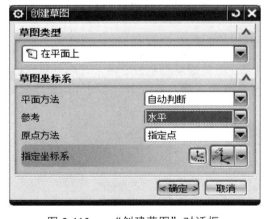

图 2-113　　"创建草图"对话框

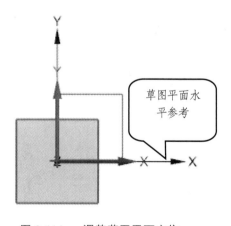

图 2-114　　调整草图平面方位

（4）单击【直接草图】|【更多】下面的"转换至/自参考对象"工具 ▥，将前面两条直线转变为参考直线，如图 2-115 所示。

（5）给这两条直线添加固定约束，具体操作为单击"直接草图"中的"几何约束"工具 ╱⊥，打开"几何约束"对话框，根据图 2-116 将这两条直线添加"固定"约束，添加的"固定"约束如图 2-117 所示。

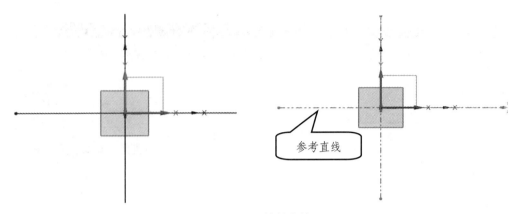

图 2-115　绘制直线

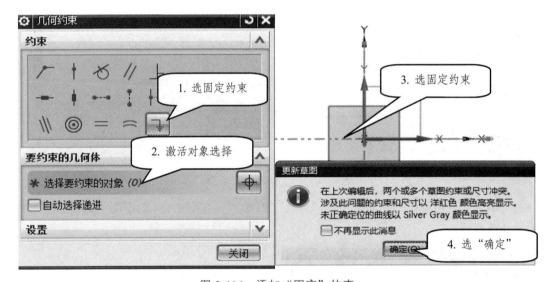

图 2-116　添加"固定"约束

（6）利用"直线"工具和"转换至/自参考对象"工具继续绘制另外两条直线并将它们转换为参考直线，如图 2-117 所示，由于这 4 条直线是参考直线，对应的很多尺寸可以隐藏。

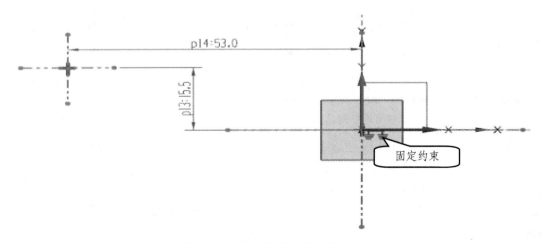

图 2-117　绘制另外两条直线

（7）单击"圆"工具 ◯ 绘制图 2-118 所示的两个圆，直径分别为 $\phi 8$、$\phi 20$，并根据图 2-118 添加圆心和直线的共线约束，用相同方法添加圆心和垂直直线的共线约束。

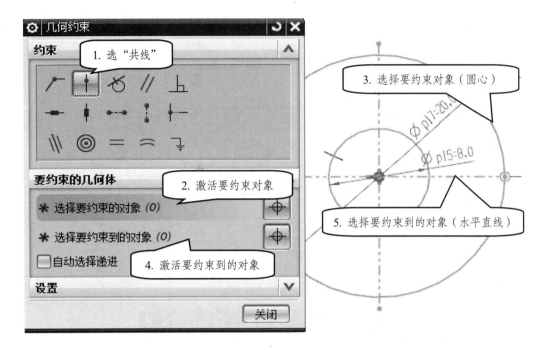

图 2-118 绘制两个圆

（8）单击"圆"工具 ◯ 绘制图 2-119 所示的两个圆，直径分别为 $\phi 22$、$\phi 38$，用相同方法添加圆心和直线的共线约束。

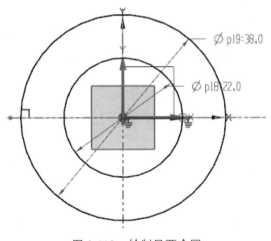

图 2-119 绘制另两个圆

（9）单击"圆弧"工具 ⤵，打开"圆弧"对话框，选择"三点圆弧"方法，如图 2-120，绘制图中两段圆弧，半径分别为 $R28$、$R50$。

（10）如果圆弧和圆之间没有相切约束，可以单击"几何约束"工具 ⫽⊥，通过 ⤬ 添加相切约束，如图 2-121 所示。

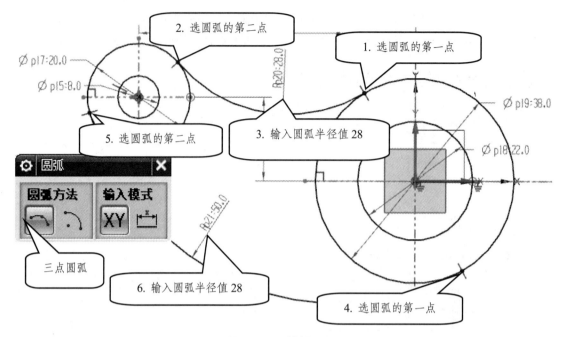

图 2-120 绘制圆弧

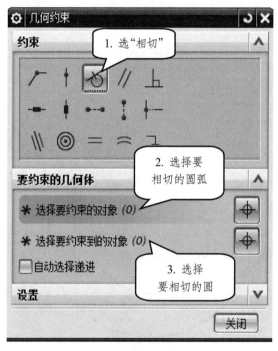

图 2-121 相切约束

（11）如果要修改草图中标注尺寸的格式，可以双击要修改的尺寸，比如双击直径尺寸 ϕ38.0，打开"径向尺寸"对话框，单击"设置"工具，如图 2-122 所示，打开图 2-123 的"径向尺寸设置"对话框，将"单位"一栏的小数位数由原来的 1 改为 0，则草图中标注的 38.0 调整为 38。

图 2-122 "设置"选项

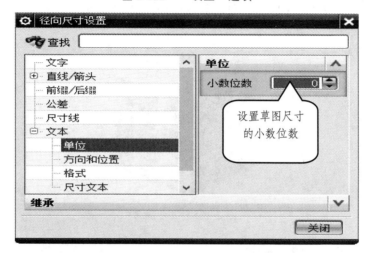

图 2-123 "径向尺寸设置"对话框

（12）同理，其他的尺寸也用相同方法进行设置。

（13）单击![icon]，完成草图，获得图 2-111 所示的草图截面，保存文件，退出应用程序。

习题与思考

1. 应用草图工具，绘制图 2-124 的草图截面。

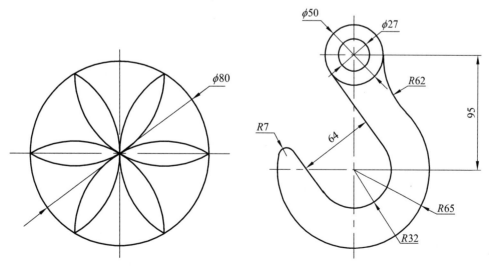

图 2-124 草图截面

2. 根据扫描本章末二维码获取文件夹"chap02/曲线"提供的素材熟悉曲线的相关操作：修剪曲线、分割曲线、偏置曲线、在面上偏置曲线、截面曲线、相交曲线、桥接曲线以及复合曲线。

3. 根据扫描本章末二维码获取文件夹"chap02/曲面"提供的素材熟悉曲面的相关操作：拉伸曲面、旋转曲面、有界平面、直纹曲面、通过曲线组创建曲面、曲线网格创建曲面、N边曲面、偏置曲面、延伸曲面、修剪片体以及缝合曲面等。

4. 应用 UG NX 12.0 的建模工具创建图 2-125 中三阶魔方的小方块并将 26 个小方块（中心是三维十字连接轴）装配成整体。

图 2-125　三阶魔方

扫码获取源文件　　　　　　　　　扫码获取操作视频

74

3 UG NX 12.0 注塑模设计基本流程

塑料制品广泛应用于日用品、汽车、家电、电子产品等领域，而注塑模是成型塑料制品的主要工艺设备。注塑模的主要工作原理为模具先由注射机的合模机构紧密闭合，然后由注塑机的注塑装置将高温高压的塑料熔体注入模腔，经过冷却固化成型，模具开模后，通常要求塑件滞留在动模一侧，再由动模一侧的脱模机构将塑件从模具中推出。

本章重点知识：

（1）注塑模设计基本流程。
（2）加载模架的功能。
（3）模架中标准件管理。

3.1 注塑模主要结构及工作原理

注塑模由定模和动模组成，根据模具中各个零件的不同功能，注塑模主要包含以下几部分。

1. 成型零部件

成型零部件是和塑料熔体相接触并成型塑件的模具零部件，是注塑模的关键部分，主要包括型腔、型芯、成型杆、滑块及镶件等，如图 3-1 所示。

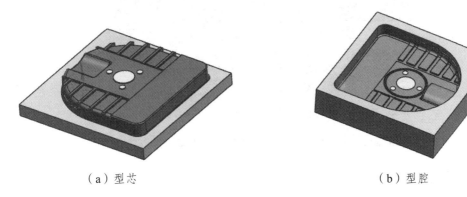

（a）型芯 　　　　　　　　　　　　　　　（b）型腔

图 3-1　成型零部件

2. 浇注系统

浇注系统又称流道系统，是熔融塑料由注塑机喷嘴到型腔之间的进料通道，通常由主流道、分流道、浇口和冷料穴组成。主流道是熔融塑料由注塑机进入模具的入口，浇口是熔融塑料进入模具型腔的入口，分流道是主流道到浇口之间的通道。冷料穴用于存储注射间隔期间喷嘴产生的冷凝料头和熔融塑料流动时的前锋冷料，以防这些冷料进入型腔，影响注射成型速度和质量。

注塑模的浇注系统结构如图 3-2 所示。

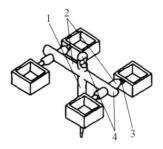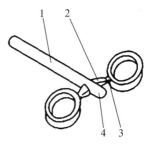

（a）卧式注射机用模具浇注系统　　　　　（b）角式注射机用浇注系统

1—主流道；2—分流道；3—浇口；4—冷料穴。

图 3-2　浇注系统

3. 温度调节系统

注塑模的温度调节采用加热或冷却方式来实现，确保模具温度在成型要求的范围之内。模具加热方式有蒸气、热油、热水加热及电加热，最常用的是电阻加热法；冷却方法常采用常温水冷却、冷却水强力冷却或空气冷却，应用最广泛的是常温水冷却，如图 3-3 所示。

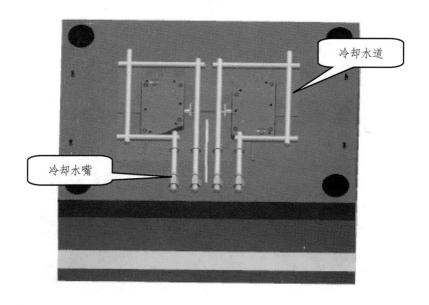

图 3-3　冷却系统

4. 模架及标准件

注塑模一般采用标准模架结构，标准模架主要包括定（动）模座板、定（动）模板、动模支承板、垫块、推板及推杆固定板、导套导柱及复位机构等，如图 3-4 所示。利用 UG NX MoldWizard 可以方便地加载模架及其标准件。

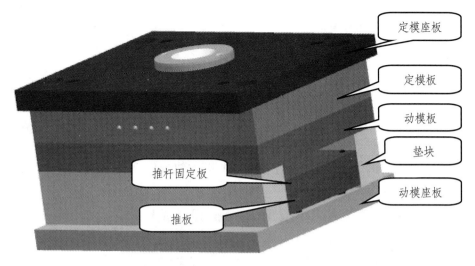

定模座板

定模板

动模板

垫块

推杆固定板

动模座板

推板

图 3-4　标准模架结构

3.2　UG NX 12.0/MoldWizard 工作界面

UN NX MoldWizard（注塑模向导）是 UG 外挂的一个专门用于注塑模设计的应用模块，该模块包含常用的模架及标准件库，供用户调用，大大提高用户的设计效率，本书以 UN NX MoldWizard 11.0 版本为平台介绍注塑模向导的使用方法及步骤。

UG NX 12.0 启动后，在主选项卡一栏可以看到"注塑模向导"选项，如图 3-5 所示，单击该选项可以进入图 3-6 所示的注塑模设计工作界面，主要工具栏有初始化项目、部件验证、主要、分型刀具、冷却工具、注塑模工具及模具等。

图 3-5　"注塑模向导"选项

图 3-6　注塑模界面主要工具

3.3　UG NX 12.0/Moldwizard 注塑模设计基本流程

3.3.1　模具设计准备

模具设计准备包括初始化项目、设置模具坐标系、设置收缩率、定义工件和型腔布局等，为后面的模具分型奠定基础。

1. 初始化项目

初始化项目是加载产品和模具装配体结构生成的过程，在项目初始化之前必须加载产品模型。

（1）启动 UG 应用程序，通过【文件】|【打开】命令，打开 chap03/盒盖/hegai.prt 文件，通过选项卡切换至"注塑模向导"选项。

（2）左键单击【初始化项目】按钮，打开"初始化项目"对话框，其主要步骤如图 3-7 所示。

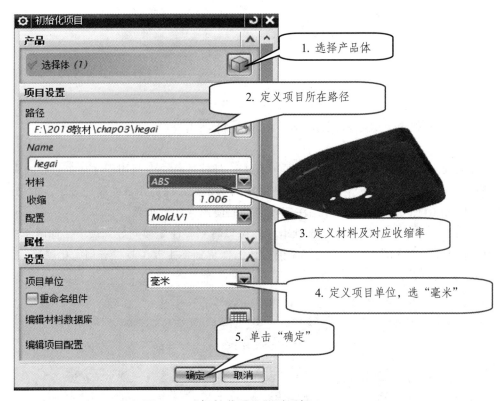

图 3-7 "初始化项目"对话框

（3）单击"确定"按钮后，完成产品的初始化项目，单击【文件】|【保存】|【全部保存】，系统将保存项目中所有的文件。

2. 定义模具坐标系

模具坐标系的方位对后面模架的设计有重要影响，模具坐标系的 XC-YC 平面决定了模架动定模接合面的位置，模具坐标系的+ZC 轴指向模具的定模一侧。一般而言，当定义好模具坐标系后，应锁定模具坐标系的+ZC 轴作为模具的开模方向。

模具坐标系的定义借助工作坐标系的方位完成，如果产品的工作坐标系 WCS 方位不符合模具坐标系要求时，可以通过【工具】|【实用工具】|【更多】中的 WCS 相关命令重新定义 WCS 后，再通过"注塑模向导"模式下的"模具坐标系"工具实现其定义。

在前面实例初始化项目基础上，继续定义模具坐标系。

（1）完成项目初始化后后，发现工作坐标系 WCS 没有显示出来，通过选择【工具】|【实用工具】|【更多】|【显示】，显示工作坐标系。

（2）移动 WCS，左键点击【工具】|【更多】|【实用工具】|【动态 WCS】，用左键选中WCS 原点手柄，将 WCS 坐标移动到图 3-8 所示的圆心中点位置，单击鼠标中键确定。

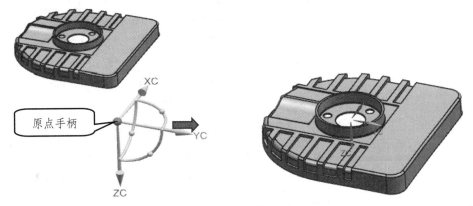

图 3-8　显示和移动坐标系

（3）旋转 WCS，使其+ZC 轴指向定模一侧：左键单击【工具】|【更多】|【实用工具】|【旋转 WCS】，打开"旋转 WCS 绕…"对话框，如图 3-9 所示，选择"+XC 轴：YC➔ZC"，左键单击"应用"按钮两次。

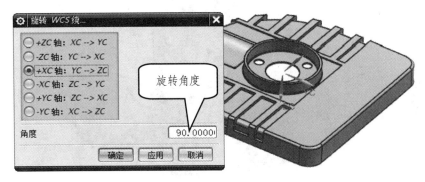

图 3-9　"旋转 WCS 绕…"对话框

（4）单击"取消"按钮，关闭对话框。

注意：此处不能单击"确定"按钮来关闭对话框，否则坐标系会多旋转一次，旋转后的WCS 如图 3-10 所示。

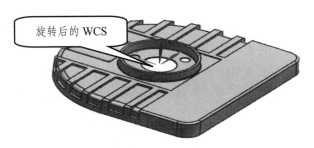

图 3-10　旋转后的 WCS

（5）定义模具坐标系，单击"主要"工具栏中的"模具坐标系"工具按钮，根据图 3-11 进行操作。

图 3-11   "模具坐标系"对话框

（6）单击"确定"或单击鼠标中键，完成模具坐标系定义，此时模具坐标系的坐标原点位于选定端面的中心，如图 3-12 所示。

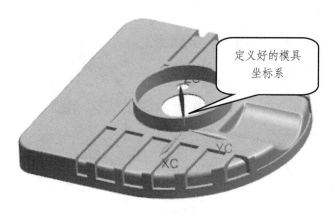

图 3-12   模具坐标系

注意：UG 软件的操作过程中，很多时候可以通过单击鼠标中键完成"确定"按钮的功能。

3. 设置收缩率

收缩现象是塑料固有的属性，塑件在模具型腔中从液态冷却到固态的过程中，会产生收缩现象，因此在设计模具时，必须对收缩的体积进行补偿才能减小产品的尺寸及形状误差。在 MoldWizard 中设置收缩率实质是相当于放大了参照模型，以弥补塑件体积收缩导致的偏差。

单击"主要"功能区的收缩工具，如图 3-13 所示，可以对塑件的收缩率进行设置和编辑。如果在初始化项目式选择了塑件材料，系统会自动设置对应的收缩率，相当于这里的 "均匀"选项。

图 3-13　设置收缩率

4. 创建模具工件

MoldWizard 中的工件（毛坯）是用来生成成型零件的毛坯实体。单击"主要"功能区的工件按钮 ，即可定义模具工件，如图 3-14 所示。

图 3-14　"工件"对话框

5. 型腔布局

模具型腔布局是用来对一模多腔的模具进行布局，即"一模几腔"，其功能是确定模具中型腔的个数及型腔在模具中的排列方式。

单击"主要"功能区的型腔布局按钮 ，打开"型腔布局"对话框，其主要步骤如图 3-15 所示。

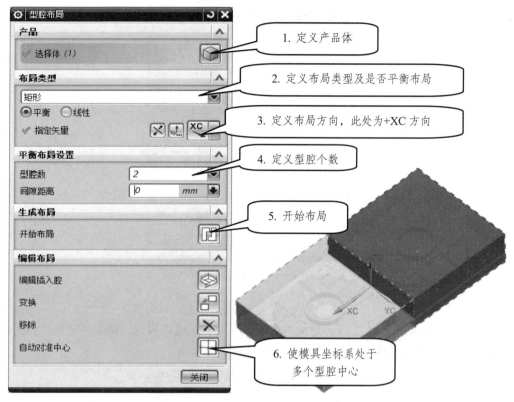

图 3-15　"型腔布局"对话框

"型腔布局"对话框中其余几个工具的功能：

编辑插入腔：用于定义避空角。

变换：用于对型腔进行移动或旋转变换等。

移除：移除型腔布局中的某个腔。

注意，应用 MoldWizard 完成模具设计准备并将文件全部保存后，文件夹中将包含一系列文件，其中有几个特别重要的文件：

（1）hegai_parting_022.prt：分型面文件，文件名由"项目名_parting_数字"组成，用于管理产品的分模。

（2）hegai_top_009.prt：模具分型及模架设计的最高级别的文件，文件名由"项目名_top_数字"组成，模架及标准件设计都是在这个文件模式下进行。

（3）hegai_cavity_001.prt：产品分模后获得的型腔零件，文件名由"项目名_cavity_数字"组成。

（4）hegai_core_005.prt：产品分模后获得的型芯零件，文件名由"项目名_core_数字"组成。

3.3.2　模具分型

模具分型是应用 MoldWizard 进行模具设计的关键步骤，分型是基于塑件利用分型面对毛坯进行分割，进而获得成型零部件的过程。注塑模向导中提供的分型工具可以帮助用户快速实现产品的分型。

单击"注塑模向导"选项卡，其主要的分型工具为"分型刀具"，如图3-16所示。

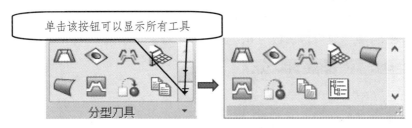

单击该按钮可以显示所有工具

图3-16　主要分型工具

扫描本章末二维码，打开文件"chap03/盒盖/hegai_top_009.prt"，继续对产品进行分型。

1. 检查区域

（1）单击"分型刀具"中的"检查区域"按钮🔲，系统弹出"检查区域"对话框，同时模型被加亮，并显示开模方向。该对话框中包含4个功能选项卡："计算""面""区域""信息"。

（2）切换到"计算"选项卡，选择"保持现有的"单选项，单击"计算"按钮，完成对产品模型的分析计算，如图3-17所示。

（3）切换到"面"选项卡，单击"设置所有面的颜色"按钮，系统将根据模型表面拔模角的不同，使模型表面以不同颜色显示，计算结果如图3-18所示。

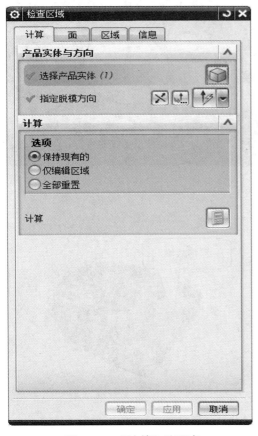

图3-17　"计算"选项卡

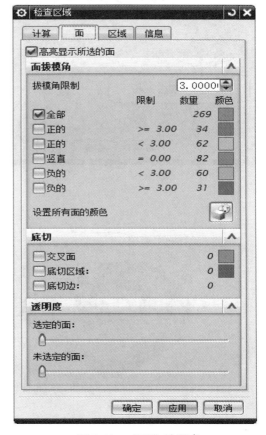

图3-18　"面"选项卡

（4）切换到"区域"选项，如图 3-19 所示，单击"设置区域颜色"，其中有 4 个交叉垂直面为未定义区域，模型表面的型腔区域以橙色显示，型芯区域以蓝色显示，如图 3-20 所示。

（5）将 4 个孔的内侧面（即 4 个交叉垂直面）分配到型芯区域，具体操作如图 3-19 所示，直到"区域"选项卡中的未定义区域数为 0，如图 3-21 所示。

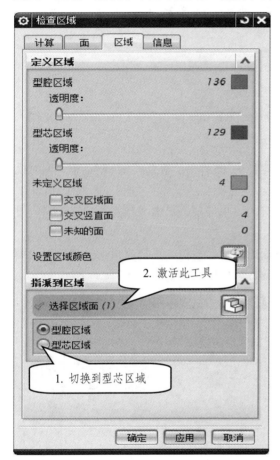

图 3-19　"区域"选项卡

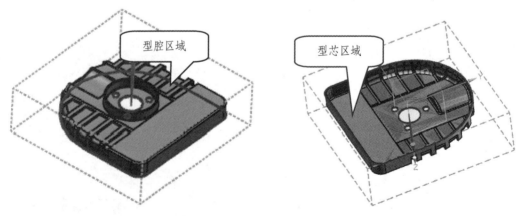

图 3-20　设置区域颜色

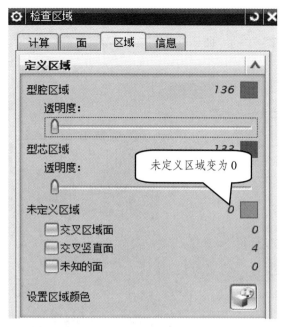

图 3-21　"检查区域"对话框

（6）切换到"信息"选项，可以对产品的面属性、模型属性及尖角等进行分析，例如选择图 3-22 中的侧面，即可获得该侧面的面属性。

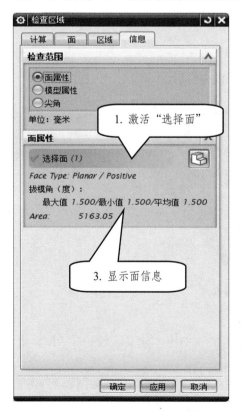

图 3-22　"信息"选项

2. 曲面补片

（1）单击"分型刀具"中的"曲面补片"按钮 ◈，打开"边补片"对话框，按照图 3-23 进行操作。

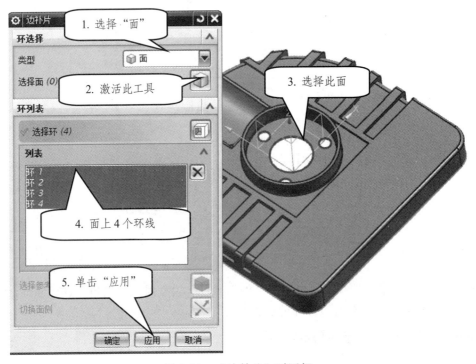

图 3-23　"边补片"对话框

（2）单击"确定"，获得 4 个曲面补片，如图 3-24 所示。

图 3-24　曲面补片

3. 定义区域和创建分型线

（1）单击"分型刀具"中的"定义区域"按钮 ⬡，打开"定义区域"对话框，定义型腔区域和型芯区域，具体操作如图 3-25（a）所示。

（2）定义好区域后，型芯区域和型腔区域前面的图标发生了变化，如图 3-25（b）所示。

（3）选择"定义区域"对话框中的"创建分型线"工具，创建产品分模的分型线，如图 3-26 所示。

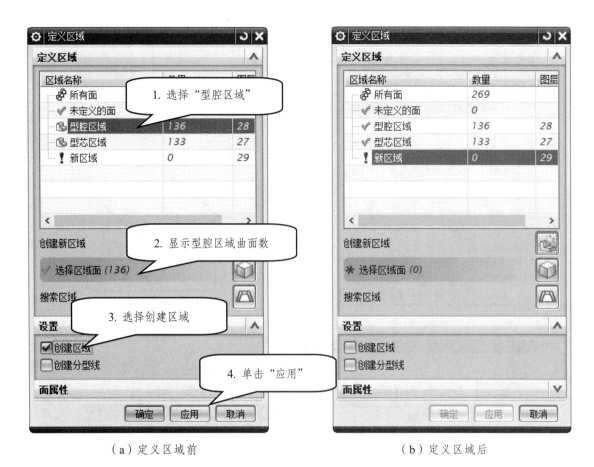

（a）定义区域前　　　　　　　　　　　　　　（b）定义区域后

图 3-25　　"定义区域"对话框

图 3-26　创建分型线

4. 设计分型面

单击"设计分型面"工具按钮 ![icon]，打开"设计分型面"对话框，根据图 3-27 进行分型面设计。

5. 定义型腔、型芯

（1）单击"定义型腔和型芯"工具按钮 ![icon]，打开"定义型腔和型芯"对话框，根据图 3-28 完成型腔零件的定义。

（2）用相同方法获得型芯零件，如图 3-29 所示。

（3）定义好型腔和型芯零件后，对话框中的型腔区域及型芯区域前面图标状态发生了变化，如图 3-30 所示。

（4）单击【文件】|【保存】|【全部保存】，保存所有文件。

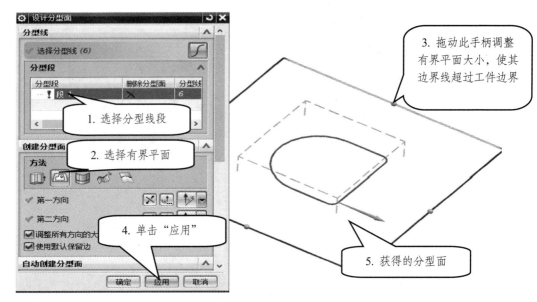

图 3-27　设计分型面

图 3-28　定义型腔

图 3-29　定义型芯

图 3-30　型腔区域和型芯区域的状态变化

3.3.3 加载模架

模架是模具的支撑，是实现型芯和型腔固定、顶出和分离的机构，其结构、形状和尺寸都已经标准化和系列化。

扫描本章末二维码，打开文件"chap03/盒盖/hegai_top_009.prt"，单击"注塑模向导"下面的"模架库"工具 ，在"重用库"的"名称"下选择 DME，在"成员选择"一栏选择"2A"，与此同时弹出"模架库"对话框，在"详细信息"一栏修改几个重要参数，其中 index 是模架基本尺寸，该尺寸根据实际模具布局尺寸确定，此处选"3560"，表示模架实际尺寸为宽×长为350 mm×600 mm，如图 3-31 所示。"AP_h"为定模板厚度，修改为 86，"BP_h"为动模板厚度，修改为 56，CP_h 为垫块厚度，修改为 66，单击"确定"按钮后，加载模架如图 3-32 所示。

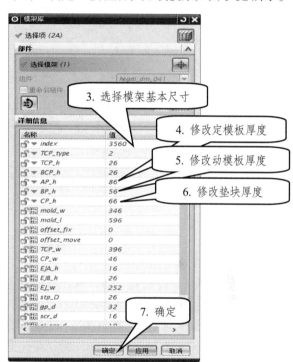

图 3-31　加载模架库

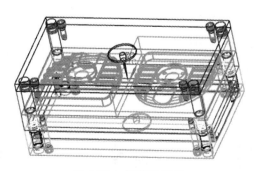

图 3-32　加载的模架

注意：如果用户加载的模架方位和期望的方位不一致，可以通过图 3-31 "模架库"对话框的"旋转模架"工具 来调整模架方位。

3.3.4 标准件管理

注塑模向导 MoldWizard 的标准件库中包含模架中常用的标准件，如螺钉、顶杆、浇口套等标准件，用于实现标准件的管理及配置。

单击"注塑模向导"功能区的"主要"工具栏中的"标准件库"工具 ，弹出如图 3-33所示的"标准件管理"对话框，利用该对话框，用户可以调用系统地定位圈、浇口套、顶杆、复位杆等标准件，并可以实现标准件的修改和编辑，详细的设计方法将在后面章节中详细介绍。

图 3-33 "标准件管理"对话框

习题与思考

1. 应用 UG NX 12.0 进行注塑模设计的基本流程是什么？

2. 模具坐标系设计的原则是什么？

3. 根据注塑模设计主要流程，分别以扫描本章末二维码获得的文件"习题/exer03/ex03_01.prt"和"ex03_02.prt"为模型，完成其分模设计，如图 3-34 所示。

（a）ex03_01.prt

（b）ex03_02.prt

图 3-34 模型文件

扫码获取源文件

扫码获取习题文件

扫码获取操作视频

4 注塑模工具

MoldWizard 注塑模工具包含多种实体或片体修补工具，用户可用注塑模工具实现产品的破孔修补或工件的分割，本章介绍注塑模工具中常用的实体修补、片体修补以及其他实用工具的使用方法。

本章重点知识：

（1）实体修补工具。
（2）片体修补工具。
（3）实体编辑工具。
（4）其他注塑模工具。

4.1 注塑模工具简介

注塑模工具用于对产品模型上的破孔进行填充或修补，是模具分型之前的关键步骤，直接影响模具的分型能否成功。

"注塑模向导"下的注塑模工具包含的工具如图 4-1 所示。产品模型上的破孔主要采用实体修补和片体修补两种方法修补。实体修补主要用于修补多个封闭面，它通过填充开口区域来简化产品模型；片体修补多用于封闭产品模型的某一开口区域。

图 4-1 注塑模工具

本章的操作实例如没有特别说明，扫描本章末二维码获得的文件都已经做好了模具设计准备，实例操作前直接打对应目录下的分型文件"***_top_***.prt"进入分型模式即可。

4.2 实体修补工具

4.2.1 包容体

包容体是利用创建的长方体对模型的开放区域进行修补，当应用实体修补工具来填充破孔时，可以通过包容体工具修补。

打开"chap04/接收机/unfinished/jieshouji_parting_o47.prt"文件，单击"注塑模工具"工具栏中的"包容体"工具，打开图 4-2 所示的"包容体"对话框，该对话框中包含了"中心和长度""块""圆柱"三种创建包容体的方法，下面对这三种方法分别进行介绍。

图 4-2　"包容体"对话框

（1）中心和长度：通过定义长方体中心点及长宽高的方式定义包容块，其主要定义步骤如图 4-3 所示。

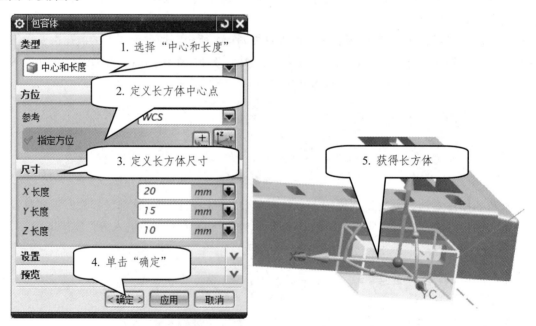

图 4-3　"中心和长度"选项

（2）块：通过指定修补孔的边界线或边界面的方法来定义包容块尺寸，继续用前面的模型为例进行操作，操作方法如图 4-4 所示。

（a）选择破孔的 5 条边界线

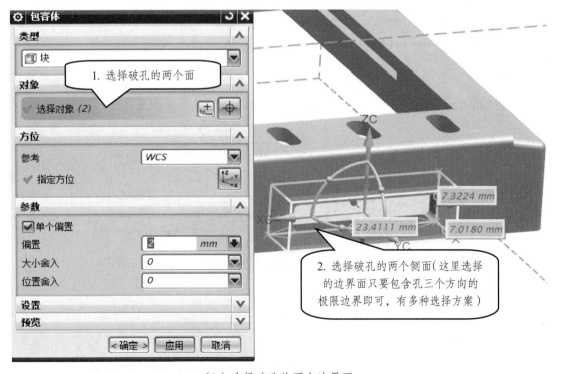

（b）选择破孔的两个边界面

图 4-4　"块"选项

（3）圆柱：通过定义圆柱体的轴线方位及包容边界的方法定义圆柱体类包容体，如图 4-5 所示。

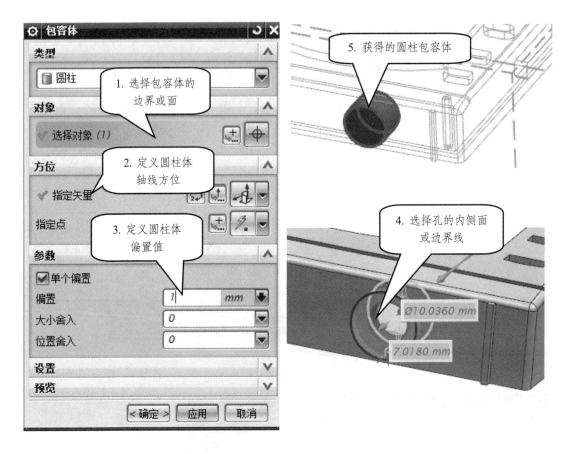

图 4-5 "圆柱"选项

最后产品模型得到的三个包容体，如图 4-6 所示。

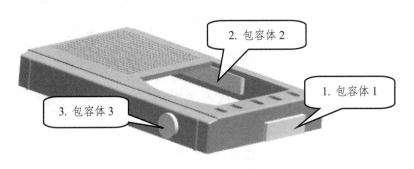

图 4-6 三个包容体

4.2.2 修剪实体

修剪实体用于对实体或创建的包容体进行修剪，在从型芯或型腔中分割镶块或滑块时常需要使用此工具。继续对前面的产品模型进行操作。

（1）打开"chap04/接收机/unfinished/jieshouji_parting_o47.prt"文件，单击"修剪实体"工具按钮，打开"修剪实体"对话框，利用产品外侧面修剪包容体，如图 4-7 所示。

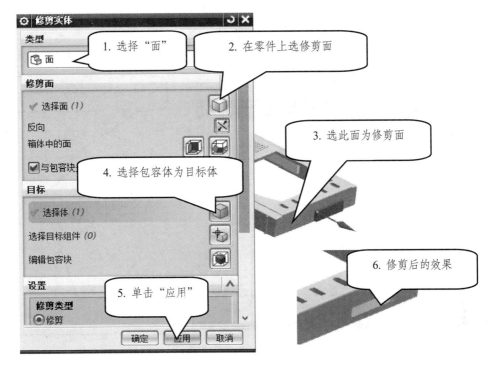

图 4-7　"修剪实体"对话框

（2）用相同方法，利用产品的内侧面修剪包容体的内侧，如图 4-8 所示。

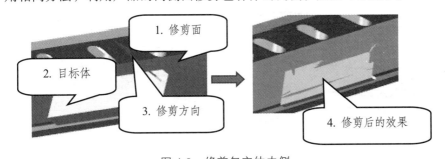

图 4-8　修剪包容体内侧

（3）继续用孔的 4 个内侧面对包容体进行修剪，修剪结果如图 4-9 所示，保存全部文件。

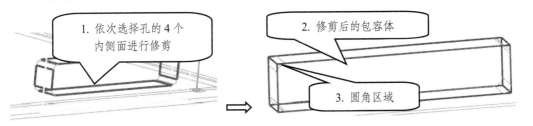

图 4-9　利用孔的四个侧面修剪

4.2.3　参考圆角

经过前面的操作，通过 6 个面完成对包容体的修剪后，发现图 4-9 中包容体的 4 个圆角需要继续编辑,"参考圆角"工具即是用于修剪包容体圆角区域的有效工具。

单击"注塑模工具"中的"参考圆角"工具按钮 ,打开"参考圆角"对话框,操作过程如图4-10(a)所示,全部修剪完后的包容体形状和孔完全一样,如图4-10(b)所示。

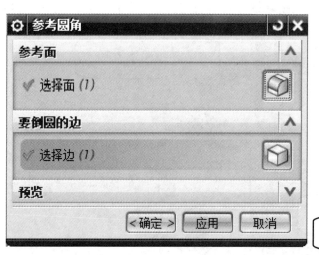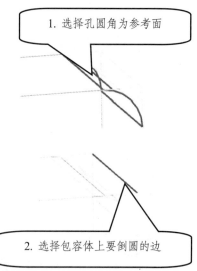

(a)参考圆角主要步骤

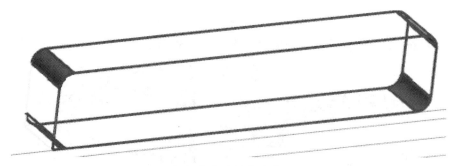

(b)修剪后的包容体

图4-10 参考圆角

用相同方法对图4-6中的包容体进行修剪,三个包容体修剪后的结果如图4-11所示,修剪后的包容体和破孔的形状完全一致,对开口破孔完成全部填充。

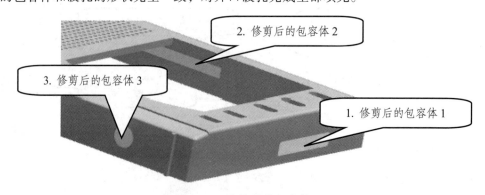

图4-11 修剪后的包容体

4.2.4 实体补片

实体补片是利用创建的实体来封闭产品上的破孔特征，再将该实体特征定位为 MoldWizard 模式下的修补实体。在后面"实体补片"的操作中，可以将该实体补片并入到型腔或型芯中，也可以作为抽芯机构的滑块或镶件的镶块。

继续对产品模型 jieshouji.prt 进行实体补片。

（1）扫描本章末二维码，打开文件"chap04/接收机/unfinished/jieshouji_parting_o47.prt"，进入分模模式。

（2）单击"注塑模工具"工具栏中的"实体补片"工具 ，打开"实体补片"对话框，根据图 4-12 进行操作。选择目标组件后，实体补片特征将并入该零件中，例如选 jieshouji_cavity_026，则三个实体补片将合并入型腔零件中。

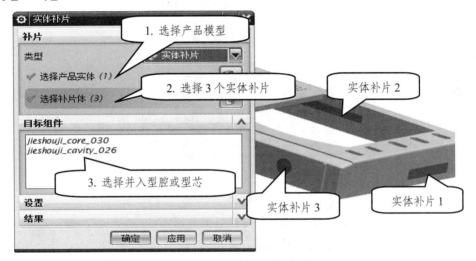

图 4-12 "实体补片"对话框

（4）完成实体补片后的零件如图 4-13 所示，侧壁上的 3 个破孔全部修补填充了，文件全部保存。

图 4-13 实体补片后的产品

4.3 片体修补工具

除了实体修补工具，片体修补工具也可以用于修补破孔，包括"曲面补片""修剪区域补片""编辑分型面和曲面"等命令。

4.3.1　曲面补片

单击"分型刀具"工具栏中的"曲面补片"工具 ◈，打开"边补片"对话框，如图 4-14 所示。曲面补片有三种方式：面、体、遍历。

图 4-14　"边补片"对话框

面：可以实现单个平面或曲面上破孔的修补。

体：相当于自动修补工具，操作简单，设计效率高。

遍历：利用"遍历"进行破孔修补是通过依次选择产品模型上的闭合曲线环或边界环来修补开口区域，可以修补跨越两个或两个以上曲面的开口区域。

1. 通过"面"进行曲面补片

继续对产品模型 jieshouji.prt 进行片体修补。

（1）扫描本章末二维码，打开文件"chap04/接收机/unfinished/jieshouji_parting_o47.prt"，进入分模模式。

（2）单击"分型刀具"工具栏中的"曲面补片"工具 ◈，打开"边补片"对话框在"环选择"类型中，选择"面"，打开图 4-15 所示的对话框，根据提示进行操作。

（3）单击"确定"，产品模型所有上表面上的孔被填充，如图 4-16 所示。

2. 通过"体"进行曲面补片

（1）扫描本章末二维码，打开文件"chap04/狗食盆/unfinished/goushipen_022_parting_022.prt"，单击"分型刀具"工具栏中的"曲面补片"工具 ◈，打开"边补片"对话框，打开"边补片"对话框,在"环选择"类型中，选择"体"，打开图 4-17 所示的对话框，根据提示进行操作。由图可知，该产品体有 4 个封闭环，"环 2""环 3""环 4"与产品侧壁破孔无关，将其删除，删除操作参考图 4-18。

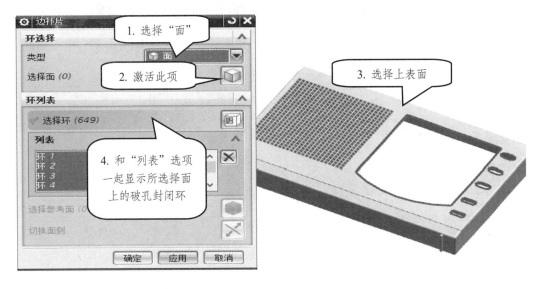

图 4-15　通过"面"进行曲面补片

图 4-16　片体修补后的产品

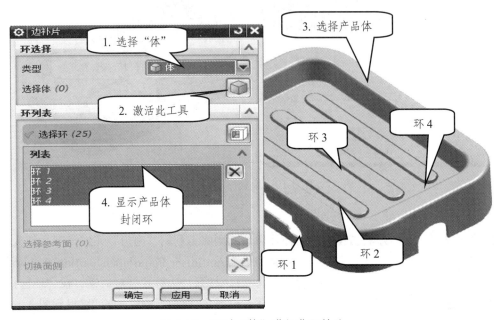

图 4-17　通过"体"进行曲面补片

99

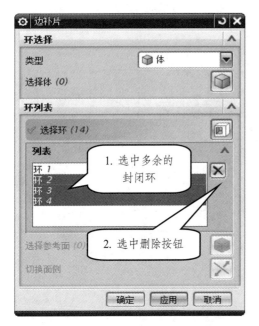

图 4-18　删除多余封闭环

（2）选中"环1"，单击"确定"按钮，产品侧壁破孔修补后的结果如图 4-19 所示。

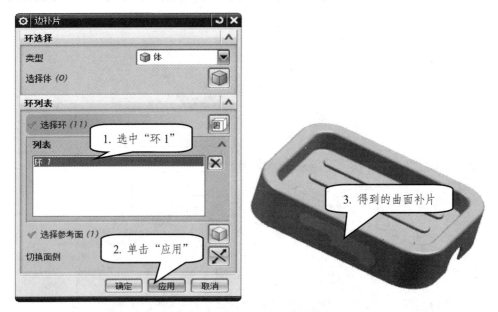

图 4-19　修补后的结果

3．通过"遍历"进行曲面补片

将前面通过"体"方法创建的曲面补片撤销或删除，利用"遍历"完成该产品破孔填充。

扫描本章末二维码，打开文件"chap04/狗食盆/unfinished/goushipen_parting_022.prt"，单击"分型刀具"工具栏中的"曲面补片"工具 ◈ ，打开"边补片"对话框，在"环选择"类型中选择"遍历"，打开图 4-20 所示的对话框，根据步骤进行操作，也可以得到图 4-19 中的曲面补片。

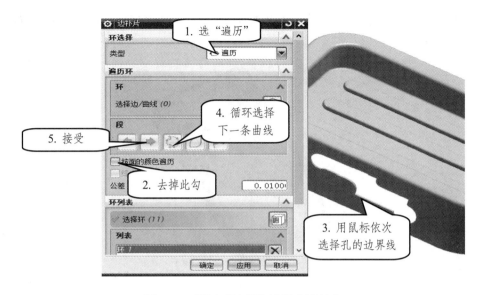

图 4-20　通过"遍历"进行曲面补片

4.3.2　编辑分型面和曲面

应用注塑模工具提供的命令能解决绝大部分产品破孔的修补，但有一部分产品仍然无法解决，此时，可以进入建模模式，利用该模式下创建的曲面作为分型面的破孔片体补片。"编辑分型面和曲面"命令的功能便是将建模模式下创建的曲面片体转化为 MoldWizard 模式下的分型曲面补片，从而实现破孔的修补。

下面通过实例介绍"编辑分型面和曲面"工具的使用过程。

（1）扫描本章末二维码，打开文件"chap04/外壳/unfinished/waike_parting_047.prt"，该文件已经完成了前期的模具设计准备工作，包括项目初始化、模具坐标系、工件、布局等工作。

（2）单击【应用模块】|【建模】，产品由注塑模模式切换到建模模式。

（3）在工具栏空白区域单击鼠标右键，使"曲面"工具显示在工具栏。

（4）单击"N边曲面"命令，打开"N边曲面"对话框，根据提示进行操作，如图 4-21 所示，获得默认状态下为白色曲面。

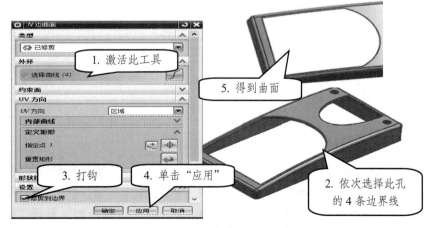

图 4-21　"N 边曲面"对话框

101

（5）用相同方法获得另外三个孔的 N 边曲面，它们在建模模式下都是白色显示，如图 4-22 所示。

图 4-22　4 个 N 边曲面

（6）单击"注塑模向导"工具，切换到注塑模模式，单击"分型刀具"中的"编辑分型面和曲面补片"工具 ，打开"编辑分型面和曲面补片"对话框，根据图 4-23 进行操作。

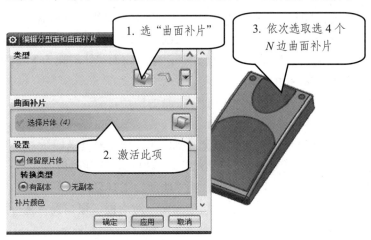

图 4-23　"编辑分型面和曲面补片"对话框

（7）单击"应用"，4 个建模模式下创建的曲面颜色发生变化，变为曲面补片默认的淡蓝色，表示它们的身份已经改变，由建模模式下普通的曲面片体转换为注塑模模式下的曲面补片了。

（8）保存全部文件。

4.3.3　拆分面

在很多塑件中存在跨越区域面，它的一部分在型腔区域，一部分在型芯区域。对于这类面，在分模时需要将其分割为两个或多个面，然后将分割出来的面分别定义为型腔区域和型芯区域。"拆分面"就是用来分割模型上的跨越区域面的工具，拆分面主要有"等斜度""曲线/面""平面/面"三种方式。

下面介绍"拆分面"工具的使用。

（1）扫描本章末二维码，打开文件"chap04/支架/unfinished/zhijia_parting_022.prt"，对产品进行结构分析，发现产品模型端部存在跨越区域面，如图 4-24 所示，需要对其进行拆分。

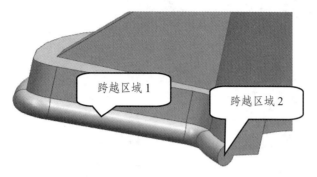

图 4-24　跨越区域面

（2）单击"注塑模工具"工具栏的"拆分面"工具 ，根据图 4-25 步骤进行操作。拆分结束后，跨越区域 1 的曲面上多了一条白色的拆分线，将该区域拆分为上下两个不同部分，可以分别定义为型腔区域和型芯区域，拆分结果如图 4-26 所示。

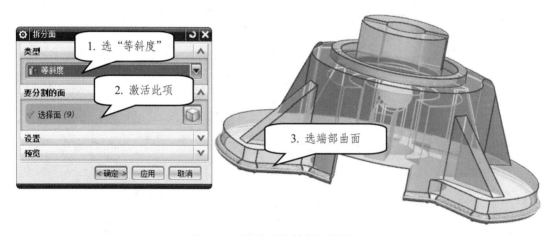

图 4-25　通过"等斜度"拆分面

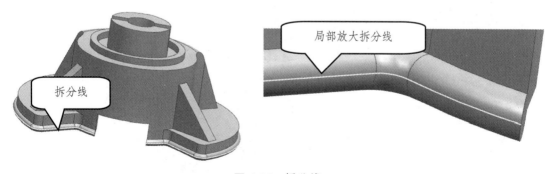

图 4-26　拆分线

（3）继续通过"曲线/边"工具对图 4-24 中的跨越区域 2 进行拆分，拆分步骤如图 4-27 所示。

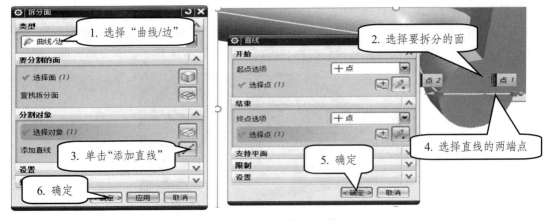

图 4-27　通过"曲线/面"拆分面

（4）另一侧用"平面/面"方法进行拆分，拆分过程如图 4-28 所示。

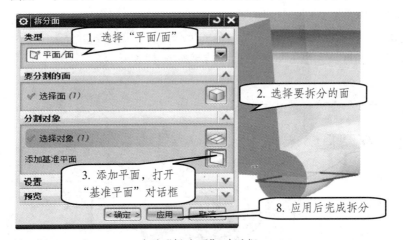

（a）"拆分面"对话框

（b）"基准平面"对话框

图 4-28　通过"平面/面"拆分面

（5）拆分后的面可以独立选择和显示，如图 4-29 所示，便于后面定义为型腔区域或型芯区域。

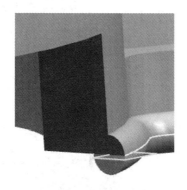

图 4-29 拆分后的面

4.3.4 修剪区域补片

"修剪区域补片"命令是通过在产品模型开口区域选择封闭曲线实现破孔修补，在应用此命令之前，需要先创建一个能完全覆盖开口边界的实体补块，这种方法在修补空间不规则孔时十分有效，下面介绍该工具的使用过程。

（1）扫描本章末二维码，打开文件 "chap04/盒盖/unfinished/hegai_parting_072.prt"，进入分模模式。利用曲面补片工具 ◈ 修补侧面及顶面的破孔，如图 4-30 所示。

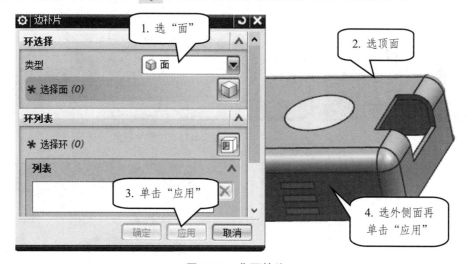

图 4-30 曲面补片

（2）单击"包容体"工具 ▣，利用"块"类型创建开口孔的实体补块，操作过程参考图 4-31。

（3）单击"修剪实体"工具 ▨，参考前面修剪实体操作步骤，利用零件内外表面及孔的侧面对包容块进行修剪"，修剪结果如图 4-32 所示。

（4）参考前面参考圆角操作步骤，利用"参考圆角"工具 ▩ 完成包容块的编辑，如图 4-33 所示，操作结果如图 4-34 所示。

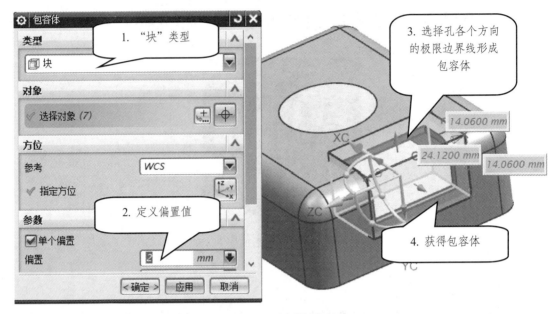

图 4-31　创建包容块

图 4-32　修剪实体后的包容体

图 4-33　"参考圆角"操作

（a）外侧

（b）内侧

图 4-34　包容体

（5）单击"修剪区域补片"工具 ，对包容体所在位置的破孔进行修补，具体操作步骤参考图 4-35，操作结果如图 4-36 所示，保存全部文件。

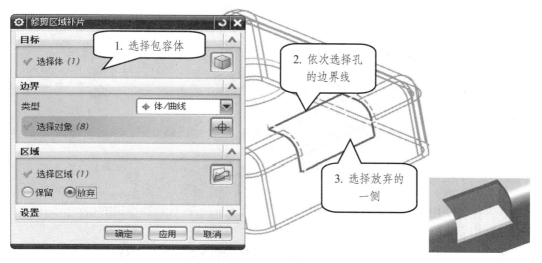

图 4-35　"修剪区域补片"操作　　　　　图 4-36　修剪区域补片结果

4.3.5　扩大曲面补片

"扩大曲面补片"工具可以通过选择产品模型已有的面，并利用其 U 和 V 方向的尺寸扩展获得曲面，该面可以直接作为产品的分型面，也可以作为工具体来修剪实体，下面通过实例介绍其使用过程。

（1）扫描本章末二维码，打开文件"chap04/冰冻盒/4-box_parting_097.prt"，进入分模模式，单击"扩大曲面补片"工具按钮 ，弹出"扩大曲面补片"对话框，根据图 4-37 进行操作。

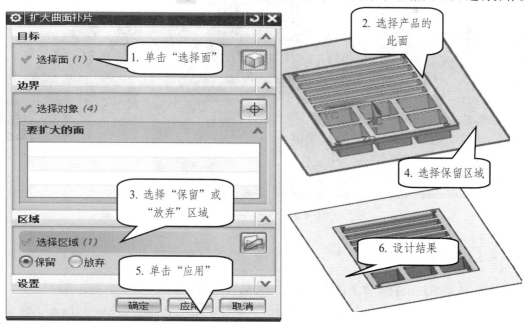

图 4-37　"扩大曲面补片"对话框

（2）保存全部文件。

4.4 实体编辑工具

实体编辑工具包括修剪实体、替换实体、延伸实体、参考圆角等编辑修改命令。

4.4.1 修剪实体和参考圆角

"修剪实体"和"参考圆角"工具分别在 4.2.2 和 4.2.3 中已做介绍，不再赘述。

4.4.2 替换实体

替换实体是使用选定的面创建包容块，再通过创建的包容块替换选定的面。下面通过实例介绍其使用方法。

（1）扫描本章末二维码，打开文件"chap04/实体编辑/shitibianji_cavity_001.prt"。

（2）单击"注塑模工具"下面的"替换实体"工具 ，弹出"替换实体"对话框，根据图 4-37 进行操作。

（3）通过"替换实体"得到的实体如图 4-38 所示。

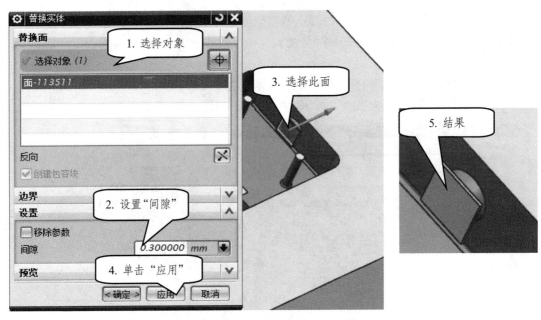

图 4-38　替换实体操作

4.4.3 延伸实体

延伸实体是通过偏置实体上的面，通过延伸的方法得到新的实体，下面是其设计步骤。

（1）扫描本章末二维码，打开文件"chap04/实体编辑/shitibianji_cavity_001.prt"，在替换实体实例基础上继续操作。

（2）单击"注塑模工具"下面的"延伸实体"工具 ，打开"延伸实体"对话框，如图 4-39 所示。

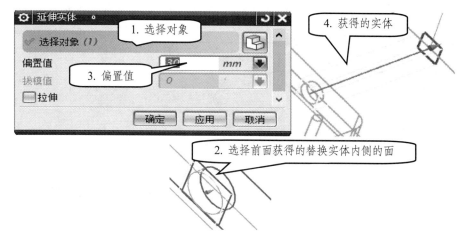

图 4-39 "延伸实体"操作

（3）继续对实体的其他曲面进行"延伸实体"操作，如图4-40所示。

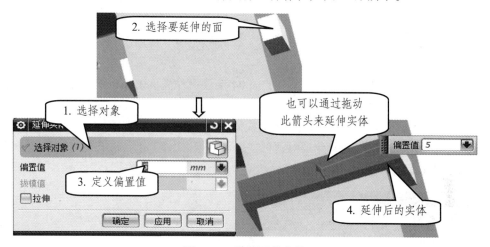

图 4-40 继续延伸实体

（4）单击【应用模块】|【建模】，进入建模模式单击"相交"工具 相交 ，弹出"相交"对话框，进行"相交"操作，如图4-41所示。

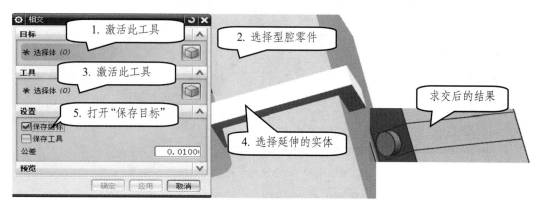

图 4-41 相 交

（5）单击"相减"工具 📄 减去 ，根据图 4-42 进行操作，最后得到滑块及滑槽，文件保存。

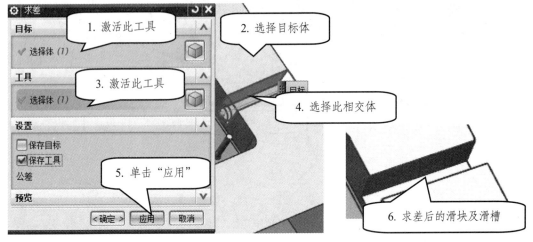

图 4-42　求　差

4.5　曲面补片综合应用实例 1

（1）扫描本章末二维码，打开文件"chap04/复读机外壳/unfinished/fuduji_top_009.prt"，该文件已完成了产品的模具设计准备工作。

（2）单击"注塑模工具"，进入到注塑模模式，选择"分型刀具"功能区中的"曲面补片"工具 👁 ，打开图 4-43 的"边补片"对话框，通过类型 "体"进行破孔的自动填充，获得如图 4-44 所示的曲面补片。

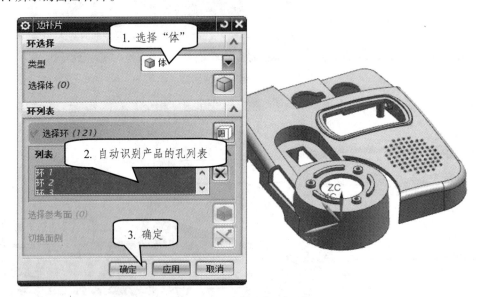

图 4-43　"边补片"对话框

（3）从图 4-44 可以看出，复读机有一个开口不规则的孔未能通过"体"自动修补，需要通过其他方法进行破孔的填充。

110

图 4-44　获得的曲面补片

（4）单击"应用模块"选项下面的"建模"，进入建模模式，单击"曲线"选项中的"直线"工具 ✐，打开"直线"对话框，创建图 4-45 中的直线。

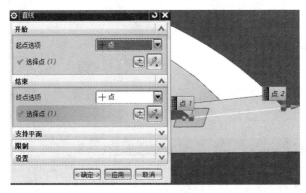

图 4-45　创建直线

（5）单击"曲面"选项下面的"通过曲线组"工具 ⅲ，在曲线规则一栏选择"相切曲线"，依次选择图 4-44 中未填充孔的两条相切的边界线，如图 4-46 所示，创建破孔曲面片，单击"确定"，由于此曲面片是在建模模式获得，只是一个普通的片体，呈白色显示，还不能作为分模用的曲面补片，因此需要进一步进行相关操作才可以作为曲面补片。

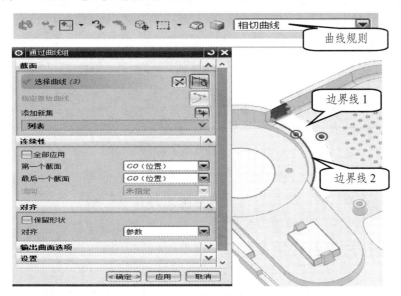

图 4-46　创建曲面片

111

（6）再次单击"注塑模工具"，进入注塑模分模模式，选择"分型刀具"中的"编辑分型面和曲面补片"工具 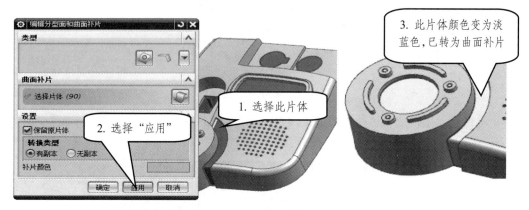，将建模模式中的曲面片转化为分模模式的曲面补片，具体操作如图4-47所示。

图 4-47　转化建模模式下的曲面片

（7）选择"注塑模工具"中的"拆分面"工具 🫓，打开图 4-48 的"拆分面"对话框，对图 4-44 中的曲面进行拆分。

图 4-48　"拆分面"对话框

（8）产品的破孔填充和拆分面工作完成，剩余的分型工作参考"5　分型设计工具"相关章节，最后单击"文件"→"保存"→"全部保存"，保存所有文件。

4.6　曲面补片综合应用实例 2

扫描本章末二维码，打开文件"ch04/曲面补片/unfinished/qmbupian_top_oo9.prt"，切换到

"注塑模向导"选项，单击"曲面补片"工具 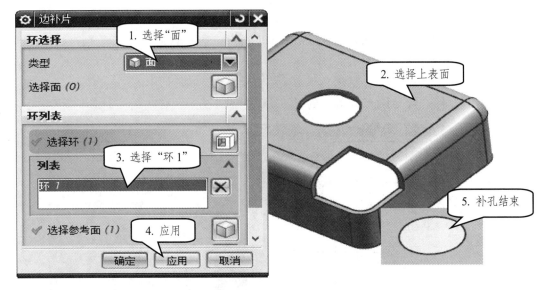，打开"边补片"对话框，应用"面"类型完成图 4-49 中上表面上的孔的曲面补片。

图 4-49　"边"曲面补片

下面应用不同的方法对继续产品转角处空间不规则孔完成破孔填充。

4.6.1　片体补片法

（1）继续打开前面已经完成模具设计准备工作和上表面孔补孔的文件"ch04/曲面补片/unfinished/qmbupian_top_oo9.prt"。

（2）切换到"注塑模向导"选项，单击"曲面补片"工具 ◈，打开"边补片"对话框，应用"体"类型自动完成图 4-50 中转角处孔的曲面补片。

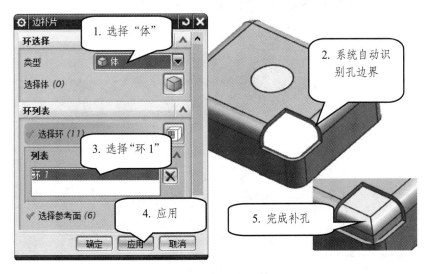

图 4-50　"体"曲面补片

（3）其余检查区域、定义区域、创建分型面以及创建型芯型腔等过程略。

4.6.2 实体补片法

（1）继续打开文件"ch04/曲面补片/unfinished/qmbupian_top_009.prt"，该文件已经完成模具设计准备工作和上表面破孔修补。

（2）切换到"注塑模向导"选项，单击"注塑模工具"功能区中的"包容体"工具，打开"包容体"对话框，创建转角处孔的包容块，如图4-51。

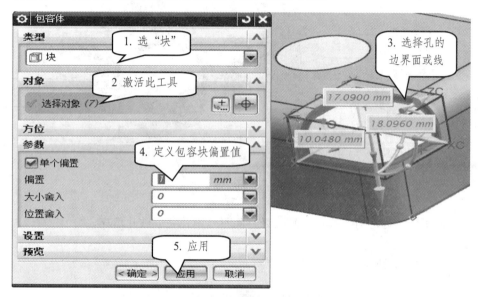

图4-51　"包容体"对话框

（3）单击"注塑模工具"功能区中的"分割实体"工具，打开"分割实体"对话框，根据图4-52的步骤利用产品侧面对包容块进行修剪。

图4-52　"分割实体"对话框

114

（4）继续用相同方法，利用图 4-52 中的曲面 1、曲面 2 和图 4-54 中孔的三个侧面对包容块进行修剪，修剪后的效果分别如图 4-53 和图 4-55 所示。

图 4-53　利用产品外表面修剪后的包容块

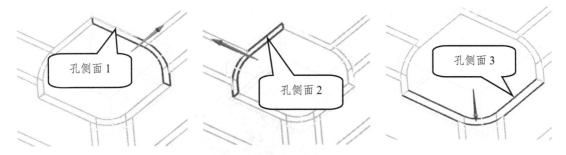

图 4-54　利用孔侧面修剪包容块

图 4-55　利用孔侧面修剪后的包容块

（5）单击"注塑模工具"功能区中的"参考圆角"工具 ，根据图 4-56 进行圆角区域的操作。

图 4-56　"参考圆角"操作

（6）用相同方法对包容块的另两条边进行参考圆角处理，结果如图 4-57 所示。

图 4-57　参考圆角处理后

（7）单击"注塑模工具"功能区中的"实体补片"工具 ![icon]，打开"实体补片"对话框，根据图 4-58 进行实体补片操作。注意选择目标组件时，可以选择型芯或型腔为目标体，意味着实体补片将自动放在选择的目标体上，此处选 qmbupian_core_005。

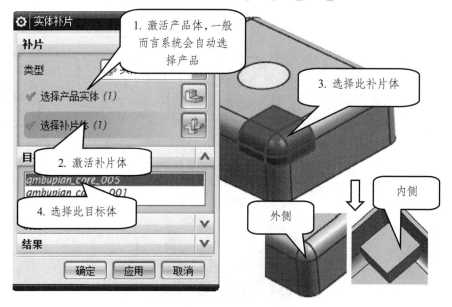

图 4-58　实体补片操作

（8）实体补片结束后可以继续分型，检查区域、定义区域、设计分型面以及创建型芯型腔的过程略，最后所获得的型芯和型腔零件如图 4-59 所示。

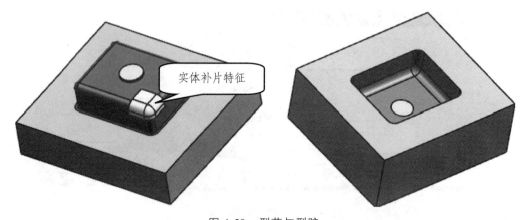

图 4-59　型芯与型腔

4.6.3 修剪区域补片法

扫描本章末二维码，打开文件"ch04/曲面补片/unfinished/qmbupian_top_009.prt"，通过另外一种方法对其进行破孔修补。

第（1）到第（4）步和实体补片法操作过程一样，下面介绍后面的步骤。

（5）继续对图4-55中的破孔进行填充，单击"注塑模工具"功能区中的"修剪区域补片"工具 🔲，根据图4-60的提示进行操作。

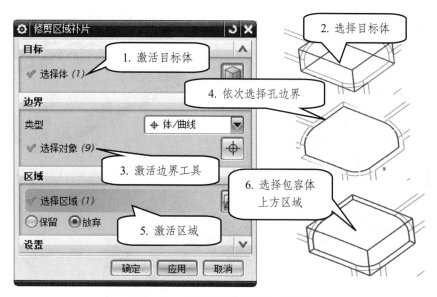

图4-60 "修剪区域补片"对话框

（6）利用"修剪区域补片"完成破孔填充后，开口孔位置得到如图4-61所示的曲面补片。

（7）后面的检查区域、定义区域、创建分型面以及创建型芯型腔过程略，获得的型芯型腔如图4-62所示，注意型芯型腔上修剪区域补片位置的特征，保存所有文件。

图4-61 修剪区域补片后

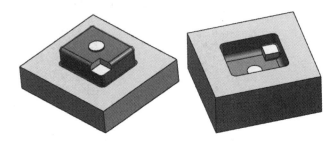

图4-62 型芯型腔

习题与思考

1. 实体修补工具主要有哪些方法？片体修补工具主要有哪些方法？
2. 修剪区域补片工具一般应用于什么场合的破孔修补？
3. 扫描本章末二维码获取模型文件"习题/exer04/ex04_01.prt"如图4-63所示，完成其模具设计准备工作，并对模型进行破孔修补，注意模具坐标系定义时坐标系的+ZC 轴方向定义及方位调整。

4. 扫描本章末二维码，获取模型文件"习题/exer04/ex04_02.prt"如图 4-64 所示，完成其模具设计准备工作，并对模型进行破孔修补。

5. 扫描本章末二维码，获取模型文件"习题/exer04/ex04_03.prt"如图 4-65 所示，完成其模具设计准备工作，并对模型进行破孔修补。

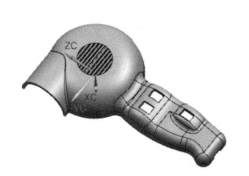

图 4-63　ex04_01.prt 模型

图 4-64　ex04_01.prt 模型

图 4-65　ex04_03.prt 模型

扫码获取源文件

扫码获取习题文件

扫码获取操作视频

5 分型设计工具

分型是模具设计的关键环节，分型合理与否直接决定了模具质量的好坏，应用注塑模向导 UG NX MoldWizard 进行分型设计时，系统先通过开模方向的产品轮廓线得到分型线，经过分型线获得分型面，利用分型面将工件毛坯分割成型腔和型芯等成型零件。

本章重点知识：

（1）手动和自动方法创建分型线。
（2）手动和自动方法创建区域。
（3）引导线和过渡对象的创建。
（4）分型面的创建方法。
（5）分型三利器。

5.1 模具分型介绍

5.1.1 分型面介绍

分型面是动定模的接合面，模具开模时，动定模在分型面位置分开后，塑件或浇注系统方可取出。分型面一般位于产品开模方向上产品轮廓投影面积最大的位置。同一个塑件，分型面的设计方案可能有多种，如果分型面设计合理，得到的型腔、型芯等成型零部件结构工艺性就好，便于设计或加工。

5.1.2 分型工具介绍

UG NX MoldWizard 的分型工具包括检查区域、曲面补片、定义区域、设计分型面、编辑分型面和曲面补片、定义型腔和型芯、交换模型、备份分型/补片和分型导航器等工具，如图 5-1 所示。

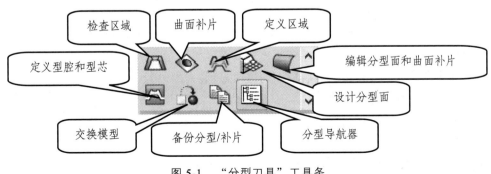

图 5-1 "分型刀具"工具条

5.2 检查区域

检查区域用来完成产品模型的型腔区域面和型芯区域面的定义，实现产品模型的区域检查分析，包括对产品模型脱模角度的分析等内容。

下面通过实例介绍其应用过程，本章的实例如没有特别说明，都是在已经做好了模具的设计准备工作基础上继续进行。

（1）扫描本章末二维码，打开文件"chap05/名片格/unfinished/mingpiange_parting_022.prt"文件。

（2）单击"检查区域"按钮，打开"检查区域"对话框。

切换到"计算"选项卡，如图 5-2 所示，单击"计算"按钮，开始对产品模型进行计算和分析。

"计算"选项卡各个选项的含义如下：

① 保持现有的：保留初始化产品模型中所有的参数，计算面的属性。

② 仅编辑区域：仅对做过模型验证的部分进行编辑。

③ 全部重置：将所有面重设置为默认值。

图 5-2　"计算"选项卡

切换到"面"选项卡，如图 5-3 所示，单击"设置所有面的颜色"按钮，产品体不同脱模角的面将以不同颜色显示。

"面"选项卡各个选项含义如下：

① 设置所有面的颜色：将产品体所有面的颜色设置为脱模角的颜色。

② "底切"区域：显示同时有正负脱模角的面。

③ "透明度"区域：用于控制脱模面的透明显示。

④ "命令"区域：包含两个工具。

面拆分：其使用方法和功能和"注塑模工具"中的"拆分面"一样，详细使用步骤在 4.3.3中已经阐述，不再赘述。

面拔模分析：对产品面进行脱模分析并显示分析结果。

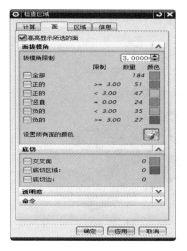

图 5-3 "面"选项卡

切换到"区域"选项卡，单击"设置区域颜色"按钮，产品模型将以不同颜色显示不同区域，包括 112 个型腔区域、72 个型芯区域和 0 个未定义的区域，在"设置"区域将显示有 2 条内环和 6 条分型边和 0 个不完整环，如图 5-4 所示，如果不需要显示分型线信息，可以将"设置"区域下的 3 个开关关闭。

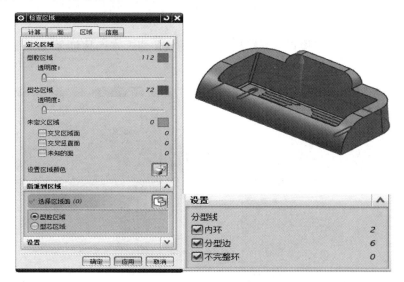

图 5-4 "区域"选项卡

"区域"选项卡中各个选项的含义如下：

① 型腔区域：显示当前产品模型通过计算得到的型腔区域面的数目，并可以调节型腔区域面的透明度。

② 型芯区域：显示当前产品模型通过计算得到的型芯区域面的数目，并可以调节型芯区域面的透明度。

③ 未定义区域：用于显示系统无法识别的面，包括交叉区域面、交叉竖直面及未知的面，这类面往往需要用户通过"指派到区域"工具进行分配。

④ "指派到区域"选项，用于将未定义区域的面或拆分面指派到型腔或型芯区域。

121

切换到"信息"选项卡，例如检查面属性，用鼠标选择面，在"面属性"选项下面将显示该面的相关信息，如图 5-5 所示。

图 5-5 "信息"选项卡

"检查范围"选项中包含：

① 面属性：通过选择产品模型上的面进行分析获得相关信息，如图 5-5 所示。

② 模型属性：显示产品模型的总体尺寸、模型总体积（面积）以及总的面数和边数，如图 5-6 所示。

③ 尖角：利用"尖角"检查，可以显示产品的锐角边，本产品包含 10 条锐边，如图 5-7 所示。

图 5-6 "模型属性"选项

图 5-7 "尖角"选项

5.3 创建曲面补片

创建曲面补片的具体方法在第 4 章的 4.3.1 中已做详细介绍，本章不做阐述。

下面继续对产品创建曲面补片。

在 5.2 节基础上继续操作，单击"曲面补片"工具 ，弹出"边补片"对话框，对产品的两个破孔进行曲面补片，操作步骤如图 5-8 所示。

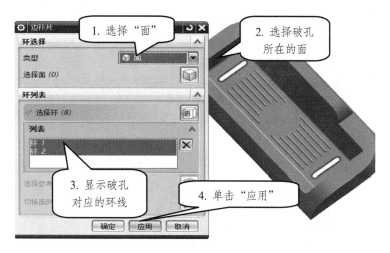

图 5-8 "边补片"操作

5.4 创建区域和分型线

"检查区域"只是对产品模型的面进行分析和区域定义，MoldWizard还需要将产品的型腔区域及型芯区域创建出来，"定义区域"即是完成该任务的工具，此外该工具还可以用来创建产品分型线。

5.4.1 自动方法

单击"定义区域"工具 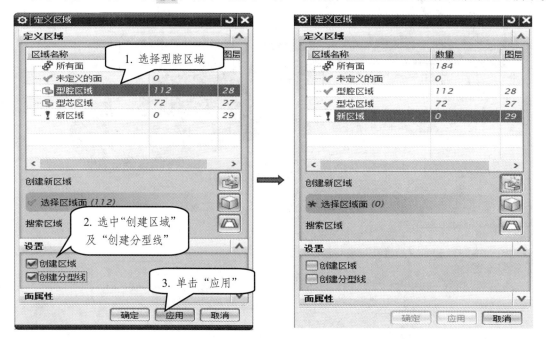，打开"定义区域"对话框，定义型腔区域的方法如图 5-9 所示。

图 5-9 定义型腔区域

通过"分型导航器"将产品模型和工件隐藏后，可以观察塑件的分型线，如图 5-10 所示。

在"定义区域"对话框中，相关选项含义如下：

① 定义区域：将显示所有面、未定义的面、型腔区域、型芯区域及新区域面的数目。一般而言，未定义的面和新区域数目为 0，型腔区域和型芯区域数量之和等于所有面的数量。

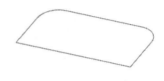

图 5-10　分型线

② 创建新区域：创建新的区域，如滑块或斜顶等机构的创建可以借助此工具协助设计。

③ 选择区域面：当用鼠标在"定义区域"选项中选中"型腔区域"或"型芯区域"时，再激活"选择区域面"一栏，可为选中区域添加新的曲面。

④ 设置：用于设置是否需要创建区域或分型线，如需要创建，在"创建区域"和"创建分型线"前面打钩，否则，取消前面的钩。

⑤ 面属性：用于定义相关面的属性特征。

5.4.2　手动方法

当应用系统自动方法创建的区域或分型线不能满足用户需求时，需要通过手动方法创建区域或分型线。

5.4.1 中应用"定义区域"工具 自动创建区域的方法属于自动创建区域方法，这种方法要求产品模型先通过"检查区域"工具 做好区域分析，下面结合实例介绍手动方法的使用。

（1）扫描本章末二维码获取文件"chap05/名片格/unfinished/mingpiange_parting_022.prt"文件。

（2）单击"定义区域"工具 ，弹出"定义区域"对话框，由于手动创建区域方法不需要进行 5.2 节介绍的"检查区域" 的操作，从图 5-11 和图 5-12 可以看出"型腔区域"和"型芯区域"的个数在手动创建之前都是 0，手动创建完成后分别为 112 和 72。

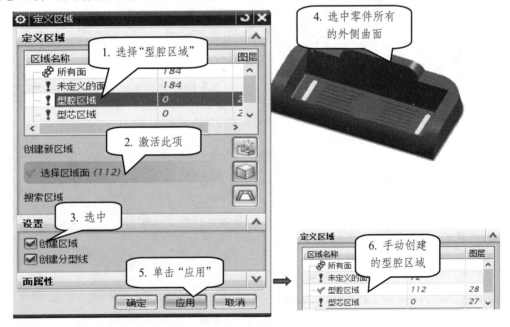

图 5-11　定义型腔区域

124

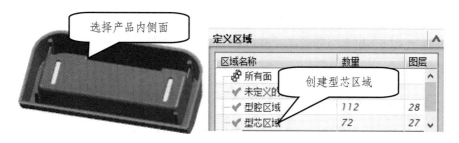

图 5-12　定义型芯区域

（3）当在图 5-11 的对话框中选中"创建分型线"时，属于自动创建分型线的方法，如果要手动创建分型线，将该选项的勾取消，再根据下面的步骤手动创建分型线。

（4）单击"设计分型面"工具 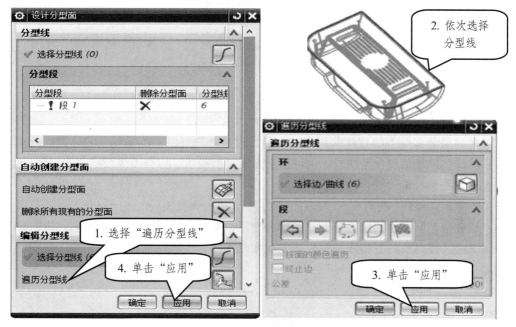，弹出"设计分型面"对话框，根据图 5-13 步骤可以手动方法创建分型线。

图 5-13　手动创建分型线

5.5　设计分型面

注塑模模式下的"分型刀具"功能区中的"设计分型面"工具，用于模具分型面的主分型面设计，用户通过此工具可以完成创建主分型面、编辑分型线、编辑分型线段以及设置公差等操作，如图 5-14 所示。

在"编辑分型面"对话框中，主要包含下列选项：

（1）创建分型面：用于创建产品模型的主分型面，不同的产品模型，由于分型线不同，被激活的创建分型面的方法也不同。

（2）自动创建分型面：用于系统自动创建分型面或删除分型面操作。

（3）编辑分型线：用于对已有的分型线进行编辑、修改或删除。

（4）编辑分型段：用于引导线或过渡对象的定义及编辑。

图 5-14 "设计分型面"对话框

5.5.1 创建过渡对象

过渡对象是分型线上的过渡曲线或点，通过过渡对象可以将产品模型的分型线分成若干段，过渡曲线可以是单段分型线段，也可以是多段分型线段，当分型线段定义为过渡对象后，对应线段的分型面将由系统自动生成。

扫描本章末二维码，打开文件"chap05/吹风机/unfinished/dryer_top_009.prt"，打开图 5-14 所示的"设计分型面"对话框，打开"编辑分型段"选项，选择过渡对象的线段如图 5-15 所示，被定义成过渡对象的分型线段颜色将发生变化（变为浅绿色），单击"应用"按钮，过渡对象创建成功。

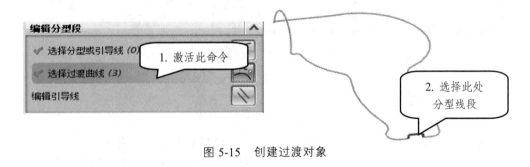

图 5-15 创建过渡对象

5.5.2 设计引导线

当分型线不在同一平面上或拉伸方向不在同一方向时，系统无法判断拉伸方向，此时需要借助引导线来帮助设计。引导线是主分型面的截面曲线，其长度及方向决定了主分型面的大小和方向，其用途主要为：① 作为拉伸的拉伸方向，② 作为扫掠的轨迹线。

在 5.5.1 的基础上继续对文件"chap05/吹风机/unfinished/dryer_top_009.prt"进行引导线设计。

打开"分型面设计"对话框，单击"编辑分型段"中的"编辑引导线"命令，弹出"引导线"对话框，穿件引导线过程如图 5-16 所示。

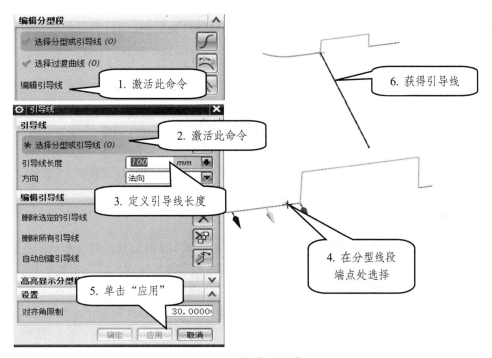

图 5-16　创建引导线

注意：创建引导线过程中，当用鼠标选取分型线段时，靠近光标的一侧端点将创建引导线。用相同方法创建产品模型的所有引导线，如图 5-17 所示。

"引导线"对话框包含"引导线""编辑引导线"等选项卡。

（1）选择分型或引导线：用于选择分型线或引导线。

（2）引导线长度：定义引导线长度。

（3）方向：定义引导线的方向。引导线方向可以根据用户需要进行修改，单击"引导线"选项卡中"方向"的"矢量"，将弹出"指出矢量"命令，通过该命令用户可以根据自己的需求编辑引导线方向，如图 5-18 所示。

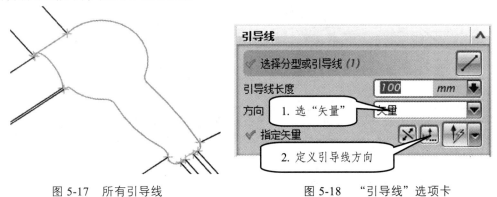

图 5-17　所有引导线　　　　　　图 5-18　"引导线"选项卡

"编辑引导线"选项卡各选项含义：

（1）删除选定引导线：删除用户选择的引导线。

（2）删除所有引导线：删除所有引导线。

（3）自动创建引导线：通过自动方法创建引导线。

5.5.3　创建分型面

分型面的创建是整个分模设计过程中关键步骤，一般在创建好分型线和引导线后进行，MoldWizard 提供了灵活的创建分型面的方法，主要有有界平面、拉伸、扫掠、条带曲面等工具，不同的产品由于分型线不同，系统在"创建分型面"选项卡中激活的分型面的创建工具也不同。

应用 MoldWizard 创建分型面的方法很灵活，用户根据产品模型的结构特点选择合适的工具，下面介绍常用的几种分型面创建方法。

1. 有界平面

有界平面是以分型段（分型线的其中一段）、引导线及 UV 百分比控制而形成的平面边界，通过自身修剪而保留需要的部分有界平面。当产品底部面为平面或产品拐角处底部面为平面时，可以使用此方法来创建分型面。

在创建好区域和分型线基础上，继续打开文件"chap05/名片格/unfinished/mingpiange_parting_022.prt"进行塑件的分型面创建。

单击"设计分型面"工具 ，打开"设计分型面"对话框，如图 5-19 所示。

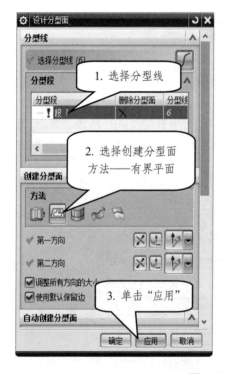
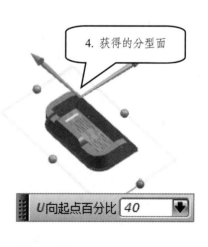

图 5-19　设计分型面

128

2. 拉　伸

当产品的分型线不在同一平面时，可以将朝同一方向的分型线段通过"拉伸"方法生成分型面，其使用方法和建模模块中的"拉伸"命令相似。

继续对文件"chap05/吹风机/unfinished/dryer_top_009.prt"进行分型面创建。

（1）打开"分型导航器" ，关闭"产品实体""工件线框"，只显示"分型线"及"引导线"，如图 5-20 所示。

（2）单击"设计分型面"工具 ，弹出"设计分型面"对话框，根据图 5-21 提示进行操作。

图 5-20　分型导航器　　　　　　　　图 5-21　设计"拉伸"分型面

3. 扫　掠

扫掠是以分型线段为扫掠轨迹，以引导线为扫掠截面获得分型面的方法。

继续对文件"chap05/吹风机/unfinished/dryer_top_009.prt"进行分型面创建。在"设计分型面"对话框中选择 "分型段"的"段 2"，根据图 5-22 进行操作，最后获得的分型面如图 5-23 所示。

图 5-22　设计"扫掠"分型面

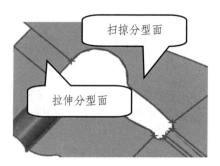

图 5-23　主分型面

4. 扩大的曲面

当产品模型的分型线都位于同一曲面时，可以通过"设计分型面"对话框中的"扩大的曲面"工具来设计分型面。这种方法的使用步骤和4.3.5中"扩大曲面补片"命令完全相同，这里不再重复阐述。

5. 条带曲面

条带曲面是通过无数条平行于 XY 坐标平面的曲线，沿着一条或多条引导线而生成分型面，下面通过实例讲解其创建过程。

（1）扫描本章末二维码，打开文件"chap05/手机/unfinished/shouji_top_009.prt"，单击"设计分型面"工具 ，打开"设计分型面"对话框，通过"条带曲面"创建分型面的过程如图5-24 所示。

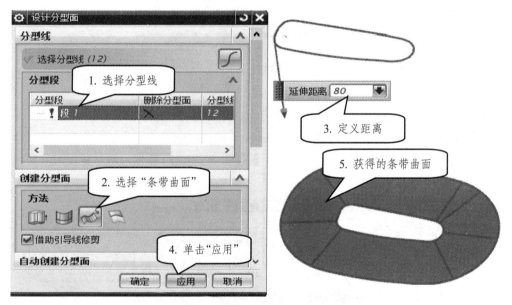

图 5-24　设计"条带曲面"分型面

5.6　创建型腔和型芯

型腔和型芯是注塑模重要的成型零部件，在注塑模向导中，只有完成了产品模型的模具设计准备工作、破孔的修补、型腔区域及型芯区域定义以及分型面创建后，才能进行型腔和型芯零件的创建。

下面在前面章节工作的基础上打开文件"chap05/名片格/unfinished/mingpiange_ parting_ 022.prt"进行型腔和型芯零件的创建。

单击"分型刀具"中的"定义型腔和型芯"工具 ，打开"定义型腔和型芯"对话框，创建型腔零件的过程，如图 5-25 所示。用相同方法可以创建型芯零件，如图 5-26 所示。

在"定义型腔和型芯"对话框中包含"类型""选择片体""抑制"等选项卡，参考图 5-25 和图 5-26，各选项卡的含义和功能各不相同。

（1）"类型"选项卡：当已经对产品模型完成了定义区域时，一般类型选择"区域"选项。

（2）"选择片体"选项卡：包含所有区域、型腔区域及型芯区域等内容。

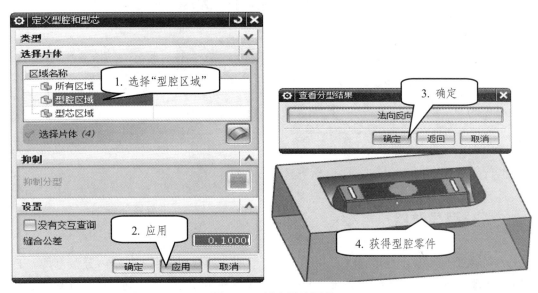

图 5-25　创建型腔零件

图 5-26　创建型芯零件

131

（3）"抑制"选项卡：当用户想要在注塑模向导 MoldWizard 中删除已经创建的型腔零件或型芯零件时，可以通过该选项卡中的"抑制分型"命令实现，如图 5-27 所示。

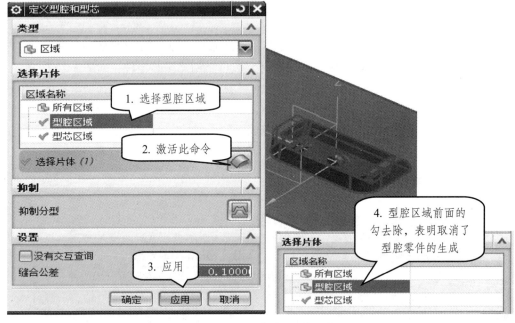

图 5-27　抑制分型

5.7　分型导航器

分型导航器用于显示分模设计过程中产品模型所有的分型特征。单击"分型刀具"工具栏中的"分型导航器"命令 ，系统打开图 5-28 所示的分型导航器，利用该导航器可以观察当前产品模型已经创建或未创建的特征，也可以对已有特征进行显示或隐藏操作。

图 5-28　分型导航器

5.8　交换模型

在对产品模型进行分型设计过程中，当完成了型腔及型芯零件的创建后，如果想要改变产品模型的结构或特征，可以利用 MoldWizard 提供的"交换模型"命令来实现。该命令的实质是利用新版本的产品模型替换旧版本零件，且保持模具设计原有的脱模、分型线、曲面补片、分型面等重要分型特征。

5.9　分型设计实例1——复读机外壳

下面在第 4 章对复读机外壳完成破孔填充和拆分面的基础上，继续产品的分模设计。

（1）扫描本章末二维码，打开文件"chap05/复读机外壳/unfinished/fuduji_top_009.prt"，单击"分型刀具"功能区中的"检查区域"工具 ，将第 4 章已完成拆分的面指派到型腔区域，如图 5-29 所示。

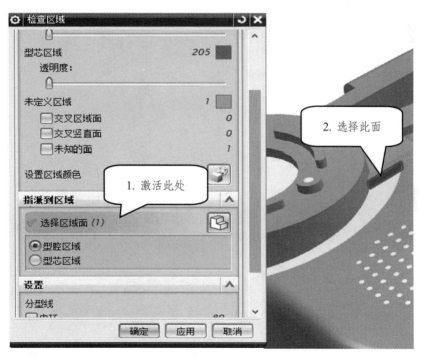

图 5-29　指派区域面

（2）单击"定义区域"工具 ，打开"定义区域"对话框，如图 5-30 所示，注意在"创建区域"和"创建分型线"复选框中打钩，获得 93 个型腔区域和 205 个型芯区域（总数为 298）。创建的分型线如图 5-31 所示，发现有一处分型线未封闭，需要手工创建该处的分型线。

（3）单击"曲线"选项下面的"直线"工具，在分型线开口处创建图 5-33 所示的直线。

（4）单击"设计分型面"工具 ，打开图 5-32 中"设计分型面"对话框下面的"编辑分型线"选项中的"遍历分型线"工具，将打开图 5-33 中的"遍历分型线"对话框，将缺口处的直线定义为分型线，具体步骤如图 5-33 所示。

图 5-30　"定义区域"对话框

图 5-31　获得分型线

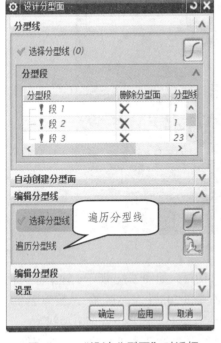

图 5-32　"设计分型面"对话框

图 5-33　创建分型线段

（5）创建过渡对象，如图 5-34 所示。

（6）创建引导线，选择"设计分型面"对话框中的"编辑引导线"工具，根据图 5-35 进行操作，用相同方法创建产品所有引导线如图 5-36 所示，注意调整引导线矢量方向。

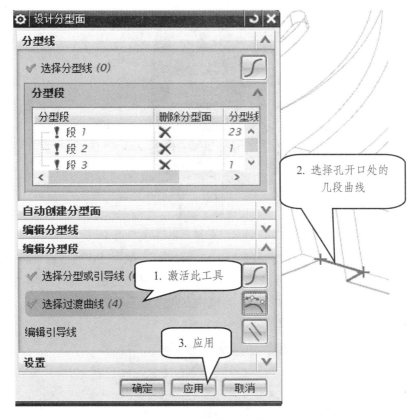

图 5-34 创建过渡对象

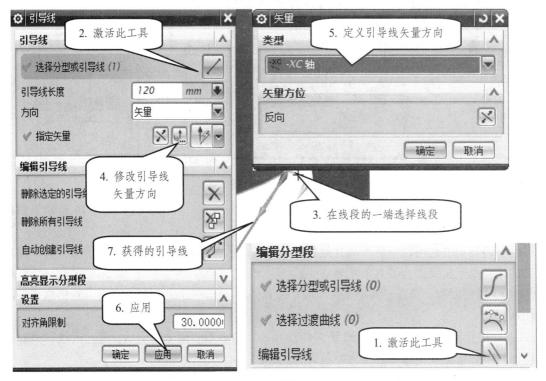

图 5-35 创建引导线

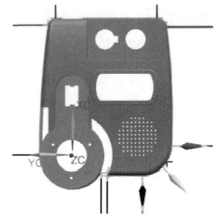

图 5-36 产品所有引导线

（7）通过"拉伸"方法创建分型线段"段 1"分型面，在"设计分型面"对话框中，单击"分型段"一栏的"段 1"，相应的分型线段加亮显示，再选择方法中的"拉伸"工具 🖺，定义延伸距离为 80 mm（超过工件边界即可），拉伸方向由对应的引导线方向决定，具体操作参考图 5-37，图 5-38 所示为获得的拉伸曲面。

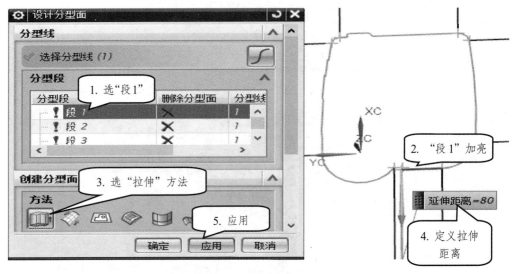

图 5-37 拉伸分型面

（8）通过"扫掠"方法创建分型线段"段 2"的分型面，具体步骤如图 5-39 所示，扫掠获得的曲面片在图 5-38 中。

（9）用类似方法可以获得产品其他各段分型线段的分型面片，如图 5-40 所示，其中缺口处的曲面片由于定义了过渡对象将自动生成。

（10）创建型腔，单击"创建型芯型腔"工具 ⌇，打开"定义型腔和型芯"对话框，如图 5-41 所示。

（11）用相同方法创建型芯，如图 5-42 所示，当型芯型腔创建完毕后，型芯区域和型腔区域前面的图标状态发生变化，变为绿色的勾，如图 5-43 所示。

（12）到此位置，复读机外壳的分模工作结束，保存全部文件。

扫掠曲面片

拉伸曲面片

图 5-38　获得分型曲面片

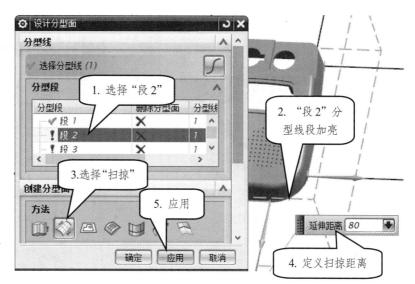

设计分型面

分型线

✔ 选择分型线 (1)

分型段

1. 选择"段2"

分型段	删除分型面	分型线
✔ 段 1	✕	1
❗ 段 2	✕	1
❗ 段 3	✕	1

创建分型面

方法

3. 选择"扫掠"

5. 应用

确定　应用　取消

2. "段2"分型线段加亮

延伸距离 80

4. 定义扫掠距离

图 5-39　扫掠分型面

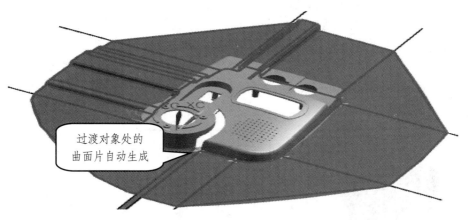

过渡对象处的曲面片自动生成

图 5-40　产品分型面

定义型腔和型芯

类型

区域

选择片体

区域名称

┌ 所有区域
├ 型腔区域
└ 型芯区域

1. 选择"型腔区域"

✔ 选择片体 (109)

抑制

设置

2. 应用

确定　应用　取消

查看分型结果

法向反向

3. 确定

确定　返回　取消

图 5-41　创建型腔

图 5-42　创建型芯

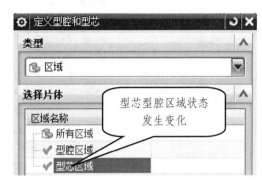

图 5-43　型腔型芯创建完毕

5.10　分型三利器

通过前面的分型实例可知，MoldWizard 分型的实质是利用产品本身曲面，产品破孔处的曲面补片以及分型面对工件（毛坯）进行分割，进而获得型腔和型芯。

下面通过图 5-44 所示的分型原理图来理解 MoldWizard 的分型过程，图 5-44（a）所示为产品模型，从图 5-44（b）中可以看出，在产品本身曲面（内、外表面）、曲面补片以及分型面三利器的帮助下，MoldWizard 系统可以将图中的工件分割为上下两部分，分别对应型腔及型芯零件。

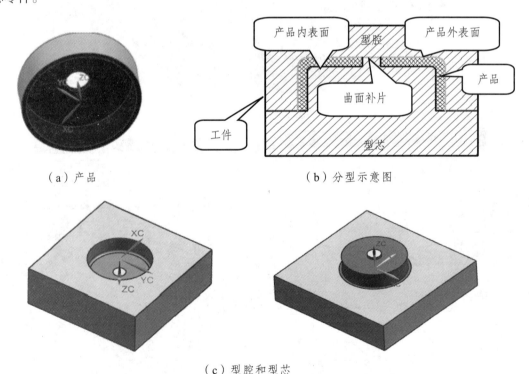

（a）产品　　　　　　　　　　　　（b）分型示意图

（c）型腔和型芯

图 5-44　MoldWizard 分型原理图

再看复读机外壳，其分型三利器如图 5-45 所示。

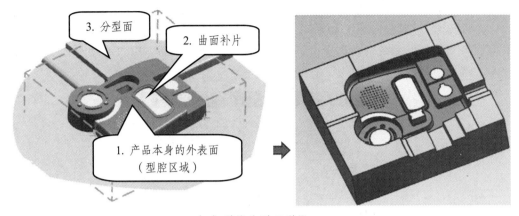

（a）型腔分型三利器

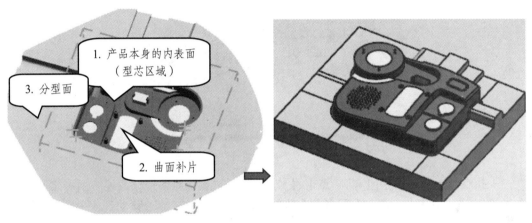

（b）型芯分型三利器

图 5-45　复读机外壳分型三利器

5.11　分型设计实例 2——音量调节面板

如图 5-46 所示，音量调节面板是一个汽车内饰件，其分型线属于不规则空间曲线，对应分型面也是不规则空间曲面，这类零件的分型比普通零件复杂，下面介绍该零件的分模设计过程。

图 5-46　音量调节面板

（1）启动 UG NX 12.0，【文件】|【打开】，扫描本章末二维码，打开文件"chap05/音量调节面板/unfineshed/yltj.prt"进入建模环境。

（2）切换到"注塑模向导"选项卡，单击"项目初始化"工具 ，打开图 5-47 所示的"初始化项目"对话框，系统自动选择窗口中的模型文件作为产品，用户可以定义项目路径、项目名称，选择模型的材料类型并定义相应收缩率。

图 5-47　"初始化项目"对话框

（3）执行菜单【插入】|【基准/点】|【点】，打开"点"对话框，通过"两点之间"创建图 5-48 的中点，应用【工具】|【更多】|【动态 WCS】，将 WCS 原点移动到该中点，如图 5-49 所示；再利用"旋转 WCS"工具将 WCS 调整到+ZC 指向定模一侧，如图 5-50 所示。

（4）切换到"注塑模向导"，定义模具坐标系，单击"主要"功能区的"模具坐标系"工具 ，打开图 5-51 所示的"模具坐标系"对话框，选择"当前 WCS"，将当前 WCS 定义为模具坐标系。

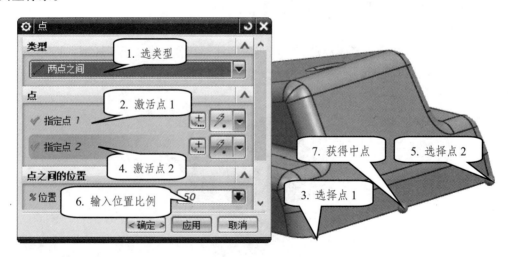

图 5-48　插入中点

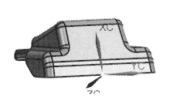

图 5-49 动态 WCS

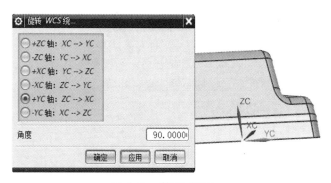

图 5-50 旋转 WCS

图 5-51 定义模具坐标系

（5）单击"工件"工具 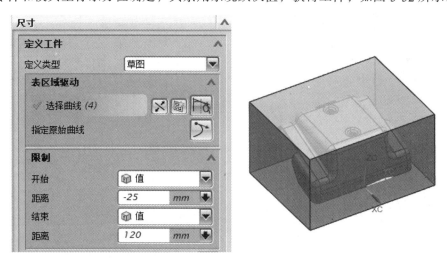，打开"工件"对话框，在"尺寸"选项一栏的参数由系统自动根据零件和模具坐标系方位确定，其余用系统默认值，获得工件，如图 5-52 所示。

图 5-52 工件定义

（6）单击"型腔布局"工具 🗍，打开图 5-53 的"型腔布局"对话框，定义其参数和布局，至此完成了模具的设计准备工作。

（7）单击"分型刀具"下面的"检查区域"工具 🛆，打开图 5-54 中"检查区域"对话框，切换到"计算"选项，单击"计算"按钮，系统自动对模型的不同区域进行计算。

（8）切换到"面"选项，单击"设置所有面的颜色"按钮，完成模型不同区域面颜色的设置，如图 5-55 所示。

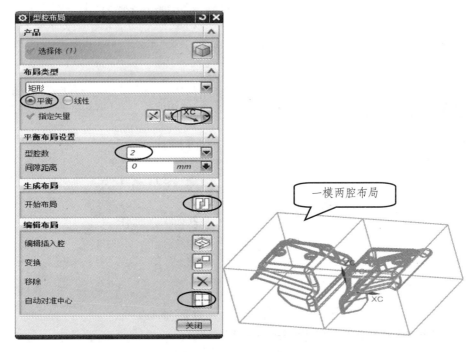

图 5-53　型腔布局

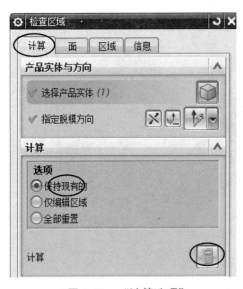

图 5-54　"计算选项"

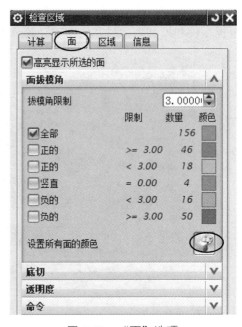

图 5-55　"面"选项

（9）切换到"区域"选项，为了让界面简洁，取消"设置"一栏下面的"内环""分型边""不完整环"前面的钩，单击"设置区域颜色"按钮，系统对型芯和型腔区域将设置不同的颜色，如图 5-56 所示，在"指派到区域"一栏，切换到"型腔区域"，选择图 5-57 中塑件外侧的 6 个面，单击"应用"按钮，将它们指派到型腔区域，被指派的 6 个面颜色和型腔区域颜色一致，如图 5-57 所示。

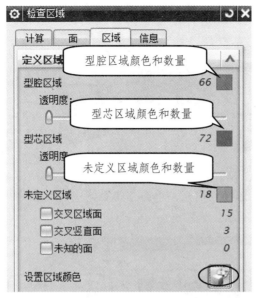

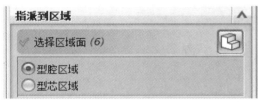

图 5-56　"区域"选项

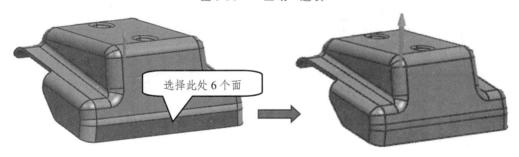

图 5-57　指派型腔区域

（10）用相同方法，继续将长方形孔的 8 个侧面或圆角面指派到型腔区域，如图 5-58 所示。

（11）在"指派到区域"一栏，切换到"型芯区域"，如图 5-59 所示，选择图 5-60 中塑件边界面（左右两侧各 8 个面），将它们指派到型芯区域。

图 5-58　孔侧面或圆角面

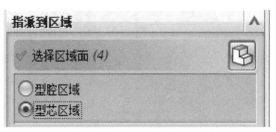

图 5-59　指派型芯区域

（12）用相同方法将塑件两个圆孔的内侧面指派到型芯区域，如图 5-61 所示。

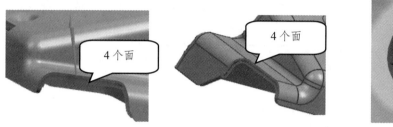

图 5-60　塑件边界面　　　　　　　　图 5-61　孔内侧面

（13）对塑件进行破孔修补或填充，单击"曲面补片"工具 ◈，通过"面"对 2 个圆孔进行破孔填充，如图 5-62 所示。

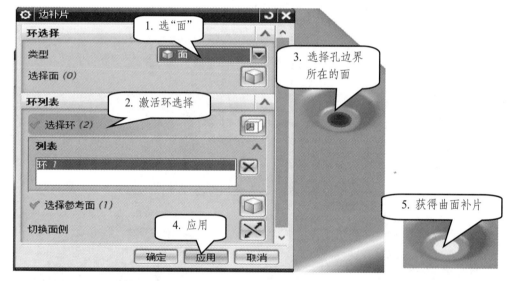

图 5-62　圆孔破孔填充

（14）对长方形孔进行破孔填充，将类型切换到"遍历"，通过遍历方法选择孔的边界线，获得曲面补片，如图 5-63 所示。

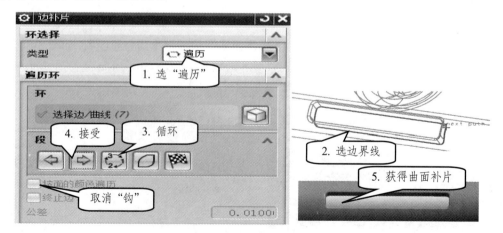

图 5-63　长方形孔破孔填充

（15）定义区域，单击"定义区域"工具 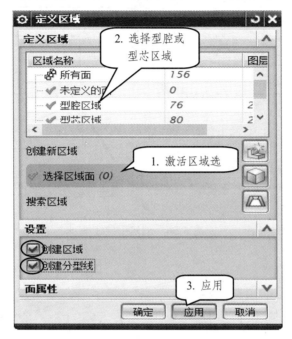，打开"定义区域"对话框，根据图 5-64 进行操作，在该对话框的"定义区域"一栏中，"型芯区域"和"型腔区域"数量之和应等于"所有面"的数目，而"未定义的面"数目应该为 0。若"未定义的面"大于 0，说明有没有定义的区域面，用户需要检查并将未定义的面重新定义为型芯区域或型腔区域。

图 5-64 "定义区域"对话框

（16）设计分型面，单击"分型导航器"，将模型文件隐藏，再单击"设计分型面工具"，打开"设计分型面"对话框，由于分型线是不规则曲线，需要通过引导线工具将分型线进行分段：单击图 5-65 的"编辑分型段"下面的"编辑引导线"，继续打开图 5-66 的"引导线"对话框。

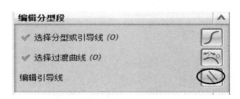

图 5-65 编辑分型段

（17）用相同方法创建其他的引导线，如果 WCS 不在窗口中，可以用图形区左下角的坐标系方位图标做参考，注意定义引导线方向时，尽量避免方向不合理而导致分型面发生扭曲变形，一般将引导线设置在分型线方向发生明显改变的位置，最后生成的所有引导线如图 5-67 所示。

（18）创建引导线后，原来的分型线分解成了若干段，依次对每段分型线段设计分型曲面片，还可以设置分型面长度参数，具体操作如图 5-68 所示。

（19）用相同方法对其余各分型段创建分型曲面片（见图 5-69），最后获得的总分型面如图 5-70 所示。

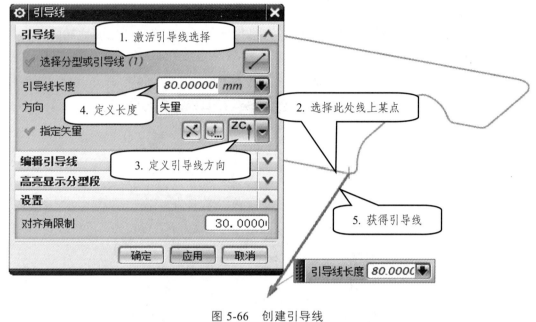

图 5-66　创建引导线

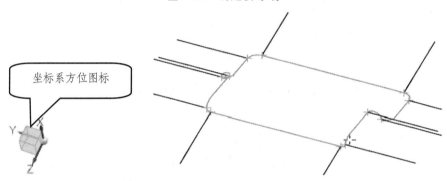

图 5-67　所有引导线

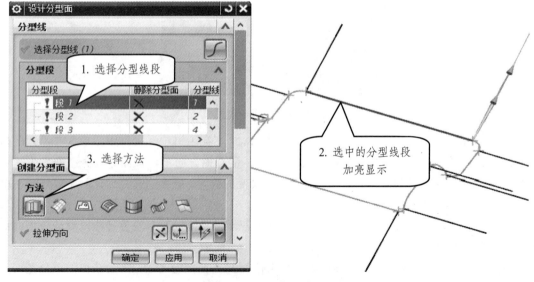

图 5-68　设计分型面

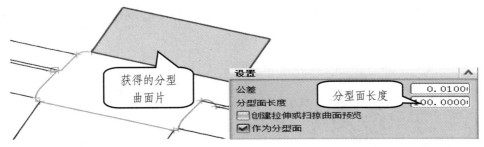

图 5-69　分型曲面片

（20）定义型腔和型芯，单击"定义型腔和型芯"工具 ，打开"定义型腔和型芯"对话框，根据图 5-71 和图 5-72 分别定义型腔和型芯，文件全部保存，分模结束退出应用程序。

图 5-70　总分型面

图 5-71　定义型腔

图 5-72　定义型芯

（21）【视图】|【窗口】，切换到"yltj_cavity_026.prt 和 yltj_cort_030.prt"，将其显示在图形区，如图 5-73 所示。

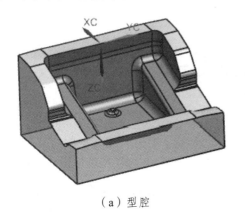

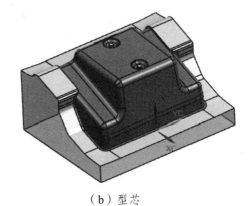

（a）型腔　　　　　　　　　　　　　　　（b）型芯

图 5-73　获得型腔和型芯

习题与思考

1. 手动和自动方法创建分型线在操作上有什么区别？
2. 手动和自动方法创建区域在操作上有什么区别？
3. 引导线在分型设计过程中起什么作用？
4. 过渡对象在分型设计过程中起什么作用？
5. 分型面的创建方法主要有哪些？
6. 分型三利器指哪三大工具，应用 MoldWizard 进行分型的原理是什么？
7. 扫描本章末二维码获取文件"习题/exer05/ex05_01.prt"，对图 5-74 所示的汽车内饰件一水杯搁置架进行分模设计。
8. 打开光盘文件"习题/exer05/ex05_02.prt"，对图 5-75 的零件进行分模设计。

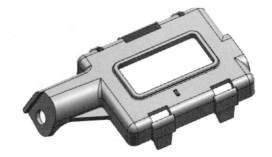

图 5-74　ex05_01.prt　　　　　　　　　图 5-75　ex05_02.prt

扫码获取源文件　　　　　　　扫码获取习题文件　　　　　　　扫码获取操作视频

6 模架库与标准件设计

MoldWizard 中丰富的模架库和标准件库，可以大大提高用户模具设计的效率，本章主要介绍模架加载标准件设计，包括模架类型和结构尺寸的确定、定位圈、浇口衬套、顶杆的设计和修剪，以及滑块机构和斜顶机构的设计等。

本章重点知识：

（1）模架加载方法。
（2）模架类型选择及结构尺寸修改。
（3）常用标准件设计方法。
（4）顶杆的添加与修剪。
（5）滑块机构及斜顶机构设计。

6.1 模架加载基础知识

本节将通过实例介绍 UG NX Moldwizard 进行模架设计及标准件加载的主要过程及步骤。塑件必须在已经完成了分型设计基础上，才可进行模架设计，下面介绍加载标准模架及标准件设计的主要过程。

6.1.1 加载模架

（1）启动 UG NX 12.0，扫描本章末二维码，打开文件"chap06/名片格/unfinisheded/ mingpiange_top_009.prt"，该文件包含分型设计完成后的所有文件，如型芯、型腔零件等。

（2）选择主选项卡一栏中的"注塑模向导"选项，如图 6-1 所示，单击该选项可以进入注塑模设计工作界面。

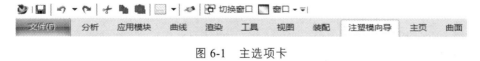

图 6-1 主选项卡

（3）选择图 6-2 中"主要"功能区中的"模架库"按钮 ▦，系统显示"重用库"列表，与此同时打开"模架库"对话框，如图 6-3 和图 6-4 所示。

重用库中包括模架库列表 MW Moldbase Library、搜索、成员选择及预览 4 个功能区。

① 模架库列表：列出模架库的主要厂家及类型。

② 搜索：在模型树中向上搜索。

③ 成员选择：用于选择不同模架类型的显示模式等。

④ 预览：对所选模架进行预览。

图 6-2　"主要"功能区

（4）在模架库列表"MW Moldbase Library"中选择"DME"，在"成员选择"中选择"2A"类型后，打开图 6-4 所示的"模架库"对话框，修改"详细信息"列表中的几个参数：模架规格参数 index 为 2530，型腔固定板厚度 AP_h=86，型芯固定板厚度 BP_h=66，单击"确定"按钮，添加标准模架，如图 6-5 所示。

（5）如果加载的模架方位和自己期望的方位不一致时，可以再次选择模架库按钮 ▦，重新进入"模架库"对话框，会发现该对话框中多了一个"旋转模架"按钮 ⤵ 如图 6-6 所示，通过该工具可以对加载的模架进行旋转并调整方位。

图 6-3　重用库

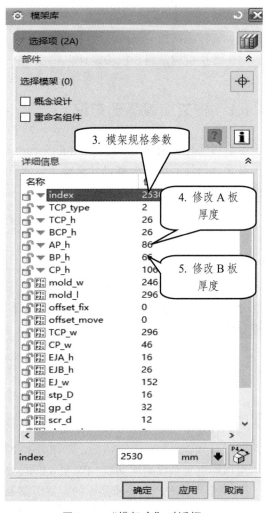

图 6-4　"模架库"对话框

图 6-5　标准模架

图 6-6　旋转模架

6.1.2　添加定位圈

为了保证注塑模的浇口衬套与注塑机喷嘴位置完全吻合，需要对模具进行定位，因此在模具浇口衬套外面安装一个同心的定位圈，该定位圈与注塑机的前模板孔有配合要求，这样就能保证模具的浇口衬套位置和喷嘴位置一致。

应用模架设计向导 Moldwizard 添加定位圈的主要过程如下：

（1）选择图 6-2 中"主要"功能区中的"标准件库"按钮 ，打开重用库和"标准件管理"对话框，依次定义定位圈名称和成员选择，如图 6-7 所示，在"详细信息"一栏主要定义或修

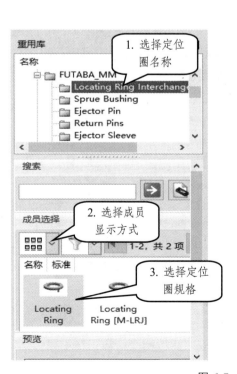

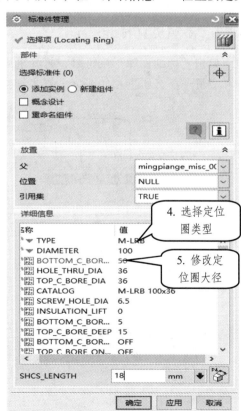

图 6-7　定义定位圈

151

改以下几个参数：类型 TYPE 为 M_LRB，修改定位圈大径 BOTTOM_C_BORE_DIA 为 50，修改定位圈高度 SHCS_LENGTH 为 16，并按"ENTER"键确认，其余参数使用默认参数，单击"确认"按钮，系统自动添加定位圈如图 6-8 所示。

（2）当要对添加的定位圈进行修改编辑时，再次根据步骤（1）中的方法重新进入到定位圈的"标准件管理"对话框，单击图 6-9 中的"选择标准件"，用鼠标选择窗口中的标准件定位圈，则进入定位圈的编辑状态，在该状态下可以对"详细信息"下的参数进行修改。用相同方法激活其他标准件编辑状态。

图 6-8　获得定位圈

图 6-9　编辑定位圈

6.1.3　添加浇口衬套

（1）单击"标准件库"按钮，打开重用库和"标准件管理"对话框，依次定义浇口衬套名称和成员选择，如图 6-10 所示。在"详细信息"一栏主要定义或修改以下几个参数：类

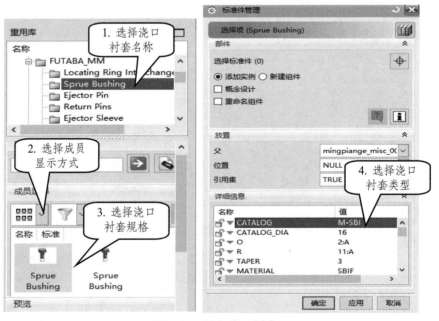

图 6-10　添加浇口衬套

型 CATALOG 为 M_SBI，修改浇口衬套高度 HEAD_ HEIGHT 为 15，修改浇口衬套长度 CATALOG_ LENGTH 为 97（此参数数值根据模具结构尺寸分析测量后进行调整所得），并按"ENTER"键确认，其余参数使用默认参数，单击"确认"按钮，系统自动添加浇口衬套如图 6-11 所示。

图 6-11　获得浇口衬套

（2）当要对添加的浇口衬套进行修改编辑时，再次根据步骤（1）中的方法重新进入到浇口衬套的"标准件管理"对话框，单击"选择标准件"按钮，用鼠标选择窗口中的标准件浇口衬套，则进入其编辑状态，在该状态下可以对"详细信息"下的参数进行重新定义及修改。

6.1.4　添加顶杆

（1）单击"标准件库"按钮 ，打开重用库和"标准件管理"对话框，依次定义顶杆名称和"成员选择"中的顶杆类型，如图 6-12 所示，在"标准件管理"对话框中"详细信息"一栏主要定义或修改以下几个参数：顶杆直径 CATALOG_DIA=3，CATALOG_LENGTH=160，单击对话框的"确定"后打开"点"对话框，如图 6-13 所示，注意在定义顶杆位置点时，每次在图形窗口的模型中选好一个点后，单击"点"对话框中的"应用"按钮，再继续定义下一个点，这里定义了 5 个顶杆点位置，所有点定义好后，单击"点"对话框中的"取消"按钮，完成顶杆位置点的定义。

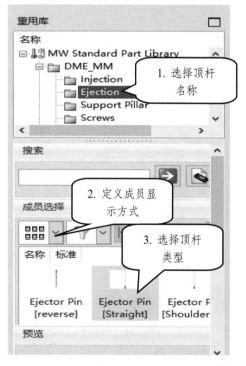

图 6-12　添加顶杆

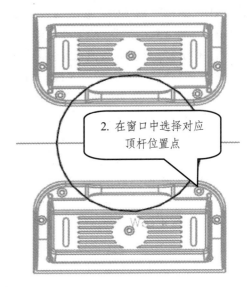

图 6-13　添加顶杆位置对应的点

（2）单击"标准件管理"对话框中的"确定"按钮，完成顶杆定义，获得的顶杆如图 6-14 所示。

（3）如果要修改顶杆直径、长度或其他参数，重新进入到"标准件管理"对话框，单击该对话框中的"选择标准件"，用鼠标选择要修改的顶杆，则进入到顶杆的修改编辑状态，如图 6-15 所示。

① 重定位：对标准件重新定义位置。

② 翻转方向：翻转标准件的方向。

③ 移除组件：删除已经添加的标准件。

图 6-14　获得的顶杆

图 6-15　修改顶杆

（4）顶杆后处理，选择"主要"功能区中的"顶杆后处理"按钮，打开"顶杆后处理"对话框，操作步骤和结果参考图 6-16。"顶杆后处理"对话框中的"修剪曲面"选项系统默认是利用型芯表面工具 CORE_TRIM_SHEET 进行修剪。

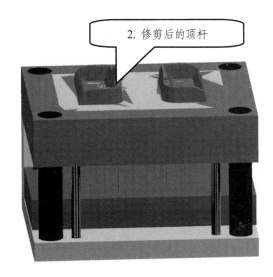

图 6-16　所示顶杆后处理

（5）文件保存：通过【文件】|【保存】|【全部保存】命令保存所有文件。

6.2　模架设计

6.2.1　模架选用

模架是整套模具的骨架，整套模具由模架的动模座板和定模座板固定在注塑机上，每次注射机完成一次注射后通过注射机的推杆带动模具推出机构进行制件顶出。

模架的规格类型主要由模架的"宽度×长度"决定，对应图 6-4"模架库"对话框中的"index"参数，如图中的"2530"表示模架宽度为 250 mm，长度为 300 mm。

6.2.2　Moldwizard 模架加载

在 Moldwizard 模式下，模架的加载可以自动完成。在项目初始化时由于设置了模具坐标系，模架的加载即是以模具坐标系为参照基准进行定位和装配的。

选择图 6-2 中"主要"功能区中的"模架库"按钮 后，系统显示"重用库"列表，与此同时打开"模架库"对话框，如图 6-3 和图 6-4 所示，主要包括"重用库"的模架列表 MW Moldbase Library、成员选择以及"模架库"的详细信息等内容。

1. 模架列表 MW Moldbase Library

Moldwizard 的模架重用库 MW Moldbase Library 列表下，提供了多个厂家的模架，包括德国 HASCO、日本 FUTABA 、美国 DME 等公司的标准模架（见图 6-17）。最后一项为

"UNIVERSAL"选项，即通用模架，用于用户自定义模架，可以根据用户需要组合或装配模架的各个部分。

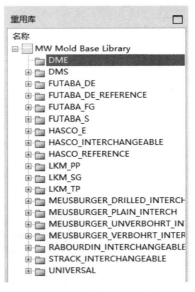

图 6-17　模架厂家列表

2. 成员选择

在"重用库"的"成员选择"（见图 6-18）一栏，用于选择模架的不同类型，并以不同方式显示出来（见图 6-19）。

图 6-18　"成员选择"列表

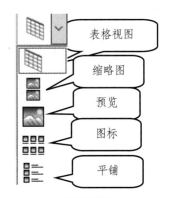

图 6-19　成员不同的显示方式

例如，美国 DME 公司的模架包括以下几种典型结构：2A：二板式 A 型；2B：二板式 B 型；3A：三板式 A 型；3B：三板式 B 型；3C：三板式 C 型。

3. 模架规格

模架规格中模架编号的含义为"宽度×长度"，对应"模架库"对话框的"详细信息"的参数"index"。

4. 主要模架参数列表

在"模架库"对话框中的"详细信息"一栏提供了模架设计时的主要参数，如图 6-20 所示，以 DME 公司的 2A 模架为例，其中重要的参数有："index"模架编号索引，"TCP_h"定模座板厚度，"BCP_h"动模座板厚度，"AP_h"A 板厚度，"BP_h"B 板厚度，而"CP_h"C板厚度一般由下式计算：

$$CP\_h= EJA\_h+EJB\_h+塑件高度+（5 \sim 10\ mm）。$$

式中　EJA_h——推杆固定板厚度；

　　　EJB_h——推板厚度。

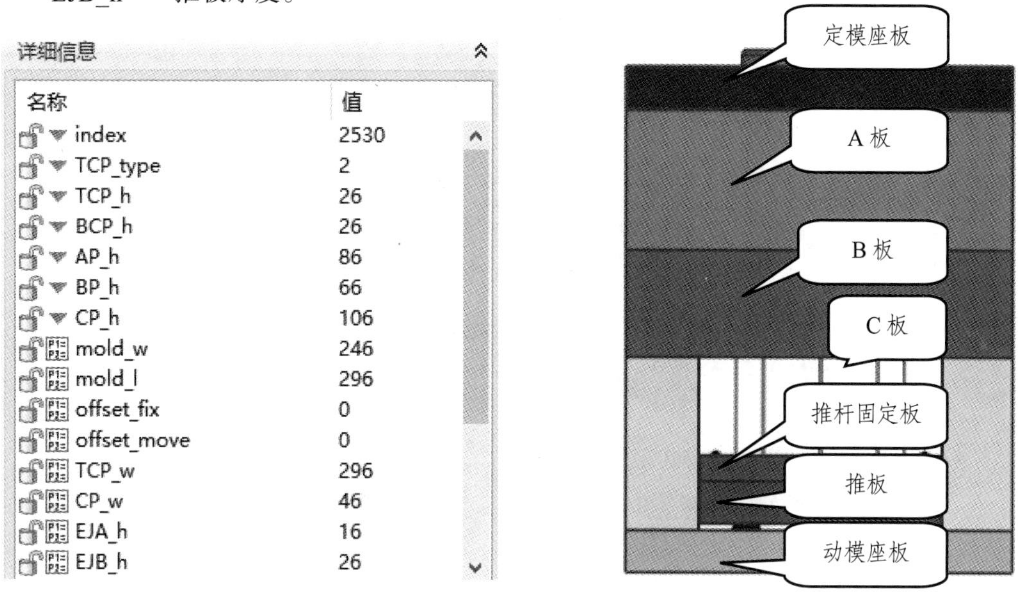

图 6-20　详细列表中的主要参数

6.3　标准件加载

注塑模模块的标准件是用于模架安装和配置的模具组件，MoldWizard 中的标准件库中除了常用的螺钉、弹簧等标准件，还有浇注系统、顶出机构、冷却系统等所需的标准件，如定位圈、浇口衬套、顶杆、复位杆以及水嘴等。

6.3.1　标准件加载及编辑

单击"注塑模向导"选项，选择"主要"功能区中的"标准件库"工具按钮，弹出"重用库"及相应"标准件管理"对话框，利用该对话框，用户可以调用系统定位圈、浇口套、顶杆、复位杆等标准件，并实现标准件的修改和编辑。

1. 标准件重用库目录

在标准件重用库目录 MW Standard Part Library 中（见图 6-21），包含了不同厂家的标准件库。例如，单击厂家目录中带符号"+"的"DME_MM"，将打开下一级部件目录，选择部件目录中的"Injection"，该部件目录所有成员将显示在"成员选择"一栏，继续选择"成员选择"的成员"Locating_Ring[R20]"，则会打开对应成员的对话框，进入其定义界面，如图 6-22所示。利用对话框中的"详细信息"可以对成员参数进行定义或修改，成员的结构可以通过

"预览"窗口观察，当找不到所需要的部件成员时，可以利用"搜索"工具帮助寻找。

图 6-21　标准件重用库列表

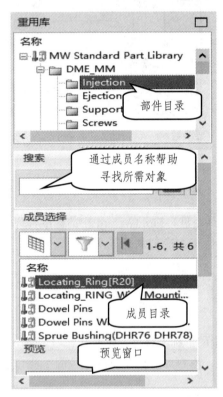

图 6-22　标准件重用库及"标准件管理"对话框

2. 常用标准件

（1）定位圈（Locating Ring）：其功能是使注射机喷嘴与模架的浇口衬套对中，并防止浇口衬套脱离模具。

（2）浇口衬套（Sprue Bushing）：又称主流道衬套，一般安装在模具定模座板上，并设有主流道通道。浇口衬套上端与注射机喷嘴紧密对接，因此，其尺寸的选择应参考注射机喷嘴尺寸，并且其长度和模板厚度有关。

（3）顶杆（Ejection Pin）：用于将塑件从模具中推出，用户根据模具结构选择不同顶杆结构（直顶杆、扁顶杆、有托顶杆及顶管等），如果是成型顶杆，还要设计顶杆的止转。在顶杆设计时，要避免顶杆和水孔、侧抽芯机构的干涉。

（4）限位钉（Stop Buttons）：用于支撑和调整推出机构，防止推出机构复位时受异物影响而受阻。

（5）复位杆（Return Pin）：又称回程杆，模具开模取出塑件后，在下一次注射前使各部件恢复到原先的位置，复位杆即起复位的作用。

3. 标准件的父级、装配位置和应用集

用户在加载标准件时可以将其指定到相应的组件中，为其指定父级位置，并可以确定标准件的位置和引用集。这些操作可以通过"标准件管理"对话框中"放置"列表区域的"父""位置""引用集"选项完成，参考图6-23。

（1）"父"选项。

为标准件指定默认的父级部件名称，或者定义其他的部件为父级部件，添加的标准件为指定父级部件的子部件，如图6-24所示。

图6-23　"放置"列表　　　　图6-24　"父"选项

（2）"位置"选项

"位置"选项用于设置标准件定位的类型如图6-25，该选项中各主要选项的含义如下：

① NULL：将装配的坐标原点作为标准件原点（系统默认选项）。

② WCS：将工作坐标系原点作为标准件原点。

③WCS_XY：将工作坐标系平面上的点作为标准件原点。

④ POINT：将 X_Y 平面上的点作为标准件原点。

⑤ POINT PATTERN：以创建的点阵列作为标准件的位置参考点。

⑥ PLANE：选择一个平面作为标准件的放置平面，并在该平面上选择一点作为标准件的原点。

⑦ ABSOLUTE：通过"点"对话框来定义标准件的放置原点。

⑧ REPOSITION：对标准件重新定位。

⑨ MATE：通过匹配对标准件定位。

（3）"引用集"选项

"引用集"选项用于控制标准件对应的腔体特征显示与否（见图 6-26），该选项中各主要选项的含义如下：

① TRUE：显示标准件实体，而不显示放置标准件用的腔体。

② FALSE：不显示标准件实体，而显示标准件建腔后的腔体。

③ 整个部件：标准件实体和建腔后的腔体都会显示。

图 6-25 "位置"选项

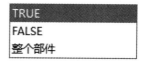

图 6-26 "引用集"选项

4. 新建组件及重命名组件

加载标准件时，可以对其引用类型和名称进行修改。其操作通过"部件"列表区域中的"新建组件"单选按钮和"重命名组件"复选框按钮来完成，如图 6-27 所示。

当使用"新建组件"单选按钮时，允许用户一次添加多个同种类的标准件，并且将它们命名为不同的新组件；如果不选用"新建组件"，则一次添加多个同类标准件时，它们的名字是相同的，相当于添加组件的引用。

当勾选"重命名组件"复选框时，则在加载标准件时，弹出"部件名管理"对话框，如图 6-28 所示，用户可以对该标准件进行重新命名。

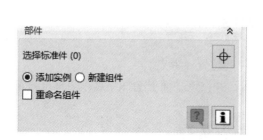

图 6-27 "部件"列表

图 6-28 "部件名管理"对话框

5. 标准件的编辑及修改

标准件的编辑及修改过程参考 6.1 节中顶杆的编辑修改，其操作方法和界面是一样的。

6.3.2 标准件的后处理

1. 顶杆后处理

顶杆是推出机构和复位机构的常用元件，其长度是标准尺寸，形状也是规则的，但在实际设计时，顶杆的长度需要适应产品和型芯的位置，而且顶杆的头部形状要与型芯的曲面完全吻合，因此，系统需要对顶杆进行后处理。

由于顶杆的后处理是利用型芯或型腔的分型片体，因此在顶杆后处理前，需已完成型芯、型腔的创建。此外，在利用标准件库定义顶杆长度时，必须选择一个比较长的顶杆，才能正常完成顶杆的后处理。

单击"注塑模向导"选项区中"主要"功能区的"顶杆后处理"工具 ，具体过程参考 6.1 节中的顶杆后处理。

2. 创建腔体

当标准件创建并放置完成后，可以使用"创建腔体"来剪切相关或非相关的腔体。其实质是将标准件的假体链接到目标体部件中，并从目标体中减去相应的部件和留一定余量，从而创建必要的标准件安装腔或孔特征。

创建腔体的主要步骤如下。

（1）继续在前面文件基础上进行腔体创建。

（2）单击"注塑模向导"选项区中"主要"功能区的"腔体"工具 ，弹出"腔体"对话框，如图 6-29 所示，分别定义定模座板为腔体操作的目标体，定位圈和浇口衬套两个组件为工具体，获得定模座板上的腔体特征（见图 6-30）。

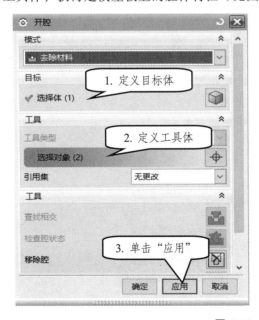

图 6-29　腔体创建

161

図 6-30　定模座板上的腔体

下面对"腔体"工具的各选项进行介绍。

（1）"模式"选项。

① 去除材料：用于目标体和工具体的相减。

② 添加材料：用于目标体和工具体的相加。

（2）腔体"目标"选项：用于选择被开腔的目标体，可以选择 1 个或 1 个以上的部件作为目标体。

（3）腔体"工具"选项：用于选择用于开腔的工具体，可以选择 1 个或 1 个以上的部件作为腔体的工具体。

① 工具类型：有组件和实体两种类型。选择"组件"表示使用选择的标准件的"FALSE"引用集进行布尔减运算；选择"实体"表示使用选择的工具实体进行布尔减运算。

② 引用集：有"FALSE""TRUE""整个部件""无更改"4 种类型，以定义引用集显示方式。

（4）"工具"选项：包含内容如图 6-31 所示。

① 查找相交：用于搜索所有与目标体存在体相交的组件，并高亮显示。

② 检查腔状态：用于检查仍未建腔的标准件和镶块。

③ 移除腔：用于移除所选工具体的腔。

④ 编辑工具体：对工具体进行编辑。

（5）"设置"选项：包含工具如图 6-32 所示。

① 关联：选中该项可以提高建腔效率。

② 只显示目标体和工具体：选中该项可以帮助建腔时观察所选对象。

③ 创建干涉实体：若有干涉实体，将其创建出来。

④ 始终在部件中保存结果：将开腔结果保存于当前部件中。

⑤ 在 HD3D 中显示检查结果：在 HD3D 信息中显示检查结果。

⑥ 预览工具体：对工具体进行预览。

图 6-31　"工具"选项

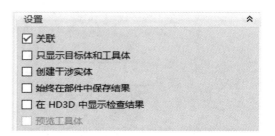

图 6-32　"设置"选项

162

6.4　滑块机构设计

很多塑件侧面包含孔时，需要创建滑块，并定义滑块机构，才能顺利完成滑块机构的抽芯并顺利将塑件顶出。

6.4.1　抽芯距离

抽芯距离指型芯在模具开模过程中从成型位置移动至不影响塑件脱模的位置所需要的距离，用 S 表示。一般抽芯距离是在侧孔侧凹深度 S_0 的基础上加上 $2 \sim 3$ mm 的余量，即

$$S = S_0 + (2 \sim 3 \text{ mm})$$

6.4.2　斜导柱倾角

斜导柱主要作用是把滑块沿抽芯方向抽出来，一般而言斜导柱安装在定模一侧，滑块安装在动模一侧，开模时斜导柱带动滑块运动完成侧抽芯。斜导柱倾角便是斜导柱抽芯机构的一个重要参数，它不仅决定了开模行程和斜导柱长度，而且对斜导柱的受力情况产生影响。

在 UG NX Moldwizard 中，单击"注塑模向导"选项区，选择"主要"功能区中的"滑块和浮升销库"工具按钮 ，弹出"重用库"及相应"滑块和浮升销设计"对话框，利用该对话框，用户可以完成斜导柱机构的设计。在"详细信息"一栏中和斜导柱的倾角相关的参数为"cam_pin_angle"，如图 6-33 所示。

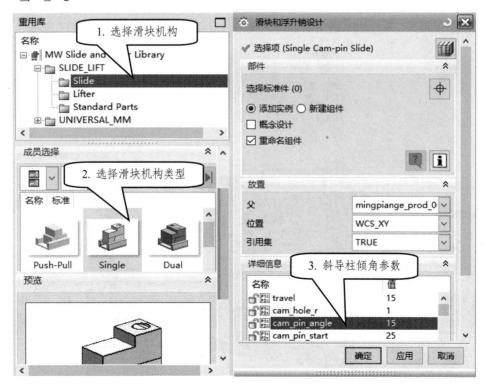

图 6-33　滑块机构设计重用库及对话框

下面通过一个实例介绍滑块机构的设计过程。

（1）扫描本章末二维码，打开文件"chap06/抽芯机构/unfinished/chouxin_top_009.prt"，在已经做好模具设计准备的基础上进行后面设计。

（2）单击"分型刀具"的"曲面补片"工具 ◈，通过"体"方法对产品进行补孔，如图6-34所示，系统自动识别产品的5个封闭环，单击"应用"，出现"未能修补所有环"的提示，说明只有一个孔能自动填充，其余4个孔的补片通过其他方法完成。

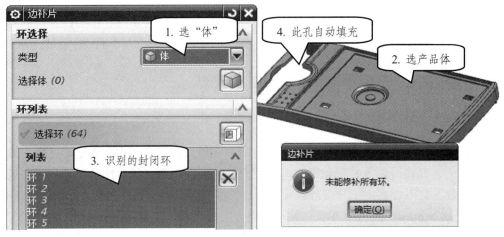

图6-34　自动补孔

（3）单击"注塑模向导"选项中"分型刀具"功能区的"检查区域"工具 △，将产品内外表面分别指派到型芯区域和型腔区域，如图6-35所示，将上表面的5个孔和侧面2个孔内侧面以及侧面2个小凸台的面指派到型腔区域，将4个卡勾侧面指派到型芯区域。

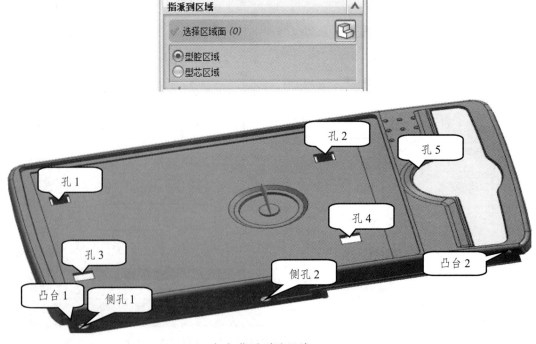

（a）指派型腔区域

164

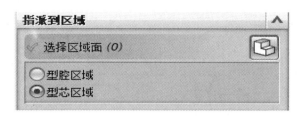

（b）指派型芯区域

图 6-35　指派区域

（4）单击"定义区域"工具 ，对型芯区域及型腔区域进行定义并创建分型线，如图 6-36 所示。

图 6-36　创建区域及分型线

（5）应用"曲面补片"工具 对产品 2 个侧孔进行曲面补片，如图 6-37 所示。

图 6-37　侧孔补孔

（6）对产品 4 个卡勾处进行曲面补片。先通过"包容体"工具 的"块"创建方块，再应用"分割实体"工具利用孔的 4 个侧面以及上表面和卡勾面对块进行修剪，如图 6-38 所示。单击"修剪区域补片"工具 ，利用卡勾自身的孔边界线对包容块进行分割，获得孔的曲面补片，如图 6-39 所示，其余 3 处卡勾的孔也用相同方法实现补孔。此处也可以用"实体补片"工具 进行补孔。产品所有的曲面补片如图 6-40 所示。

图 6-38　修剪块

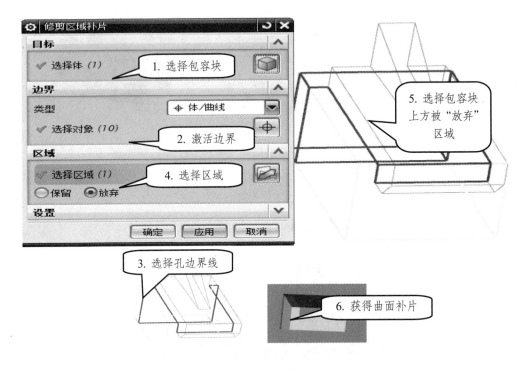

图 6-39　修剪区域补片

图 6-40　所有曲面补片

（7）单击"创建分型面"工具 ，对分型线创建引导线，如图 6-41 所示。

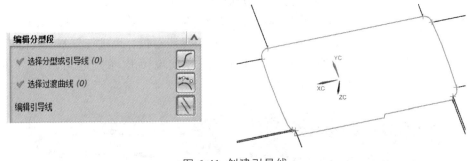

图 6-41　创建引导线

（8）创建分型面，根据图 6-42 创建分型面，其中 4 段转弯处利用"扫掠"方法获得分型曲面片，其余各处通过"拉伸"方法获得曲面片。

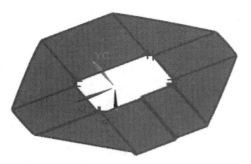

图 6-42　创建分型面

（9）创建型芯及型腔，单击"定义型芯与型腔"工具 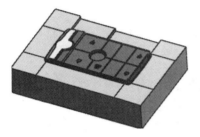，完成型芯及型腔的创建，如图 6-43。

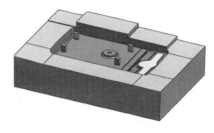

图 6-43　型芯及型腔

（10）创建外侧抽芯机构，外侧抽芯机构可以通过滑块机构实现，滑块由两部分组成：滑块头和滑块体，滑块头依赖产品形状，滑块体是滑块的运动机构，带动滑块头在开模和合模时进行运动，滑块机构由 MoldWizard 提供的标准件直接加载。

（11）创建滑块，进入"chouxin_top_009.prt"文件，切换到"注塑模向导"模式，在装配导航器中选择"chouxin_cavity_001.prt"，单击鼠标右键，使其"设为工作部件"。

（12）选择菜单栏中的【格式】|【图层设置】命令，将当前图层设为 21 层。

（13）选择"应用模块"下的"建模"，进入建模环境，单击"草图"工具 ，绘制草图界面，单击"完成草图"工具  完成草图，如图 6-44 所示。

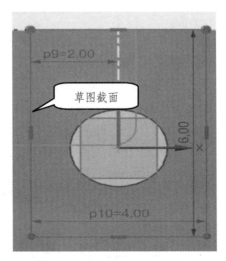

图 6-44　绘制草图

（14）单击"拉伸"工具 ⊞，以刚刚绘制的草图作为拉伸曲线，完成拉伸实体，如图 6-45 所示。

图 6-45　拉伸实体

（15）单击"相交"工具 ⑲，对型腔零件进行求交计算，选型腔零件为目标体，拉伸实体为工具体，操作见图 6-46 所示。

图 6-46　相交操作

（16）点击"相减"工具，对型腔零件进行求差操作，如图 6-47 所示。

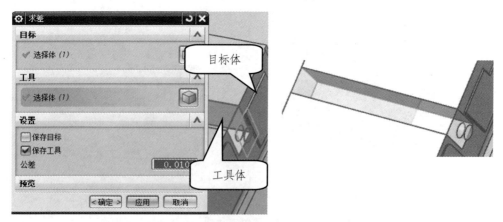

图 6-47　求差操作

（17）定义滑块的坐标系。切换到"装配导航器"，双击"chouxin_top_009.prt"文件，激活该文件，选择"工具"选项下面"更多"工具下的"动态WCS"，使WCS移动到滑块外侧上方边界的中点处，如图6-48所示。设计滑块坐标系时，要确保+ZC指向定模一侧，+YC指向滑块移动的相反方向。

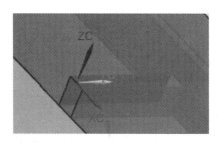

图 6-48　滑块坐标系

（18）单击"注塑模向导"选项下"主要"功能区的"滑块和浮升销库"工具，在"重用库"一栏选择"slide"，在"成员选择"一栏选择"Push-Pull Slide"子类型，如图6-49所示。与此同时打开"滑块和浮升销设计"对话框，如图6-50所示，根据滑块宽度（宽度为4 mm）修改滑块体宽度参数wide为10。如果加载的滑块方向不对，可以通过"翻转方向"工具调整。

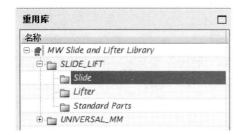

图 6-49　选择滑块类型

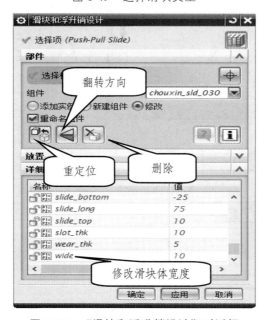

图 6-50　"滑块和浮升销设计"对话框

169

当要修改滑块机构时，再次选择"滑块和浮升销库"工具，进入图 6-50 的"滑块和浮升销设计"对话框，在"部件"一栏选择要修改的滑块机构，即进入滑块机构编辑状态。

① 重定位：重新选择滑块的坐标系，对滑块机构重新定位。

② 翻转方向：翻转滑块机构的方位。

③ 删除：删除滑块机构。

（19）单击"滑块和浮升销设计"对话框中的"确定"按钮，加载滑块机构如图 6-51 所示，另一个型腔对称位置处自动添加滑块机构。

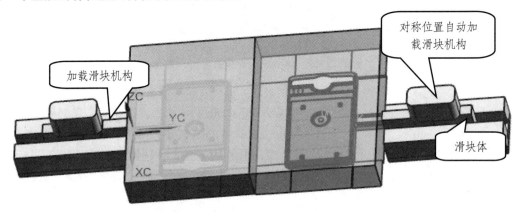

图 6-51　加载的滑块机构

（20）链接滑块体和滑块头，选择"应用模块"→"装配"工具，在"装配导航器"中选择图 6-51 的滑块体，使其成为工作部件，选择"装配"模块中的"WAVE 几何链接器"，根据提示选择图 6-52 的滑块头，单击"确定"，这样便将滑块头链接到滑块体上了，完成了滑块机构设计。

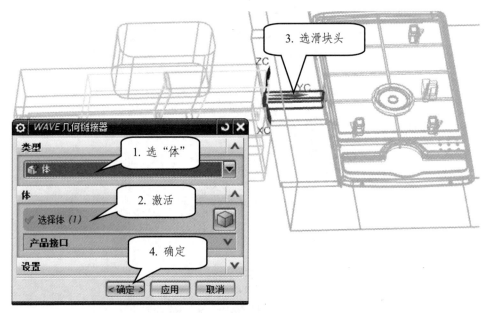

图 6-52　链接几何体

（21）其余位置的滑块机构用相同方法创建，具体过程不再赘述。

6.5 斜顶机构设计

继续在 6.4 节基础上完成产品斜顶机构设计。

（1）继续打开文件"ch06/抽芯机构/unfinished/chouxin_top_009.prt"，切换到"注塑模向导"选项，将滑块机构和型腔零件隐藏，只在窗口中显示型芯零件，可以看到塑件内侧的卡扣特征在完成分型以后处于型芯零件，如图 6-53 所示。

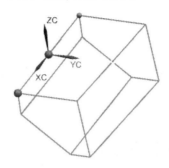

图 6-53　卡扣成型部位

（2）定义斜顶的坐标系，选择主菜单【插入】|【基准/点】|【点】（见图 6-54），通过"两点之间"创建卡扣部位内侧上方边界中点，如图 6-53 所示，选择"工具"选项中"更多"功能区的"动态 WCS"工具，使 WCS 移动到卡扣内侧上方边界的中点处，利用"旋转 WCS"使得斜顶坐标系+ZC 指向定模一侧，+YC 指向斜顶移动方向的相反方向。

图 6-54　"点对话框"

（3）单击"注塑模向导"选项中"主要"功能区的"滑块和浮升销库"工具 ，在"重用库"一栏选择"Lifter"，在"成员选择"一栏选择"Dowel Lifer"子类型，如图 6-55 所示，与此同时打开"滑块和浮升销设计"对话框，如图 6-56 所示。根据测量可知卡扣宽度约1.511 5 mm，修改斜顶宽度参数"wide"大于或等于卡扣宽度，取 4 mm；测量的卡扣深度约0.67 mm，设置斜顶厚度"riser_thk"为 3 mm，设置斜顶高度方向高出坐标系原点距离"riser_top"为 10 mm，斜顶外侧厚度"cut_width"为 0.5 mm。单击"滑块和浮升销设计"对话框的"确定"，继续弹出"部件名管理"对话框，单击该对话框的"确定"，加载的斜顶机构如图 6-57 所示。

（4）修剪斜顶，双基装配导航器中的"chouxin_top_009.prt"以激活"top"文件，单击"注塑模向导"选项"注塑模工具"功能区中的"修边模具组件"工具 对斜顶进行修剪，具体操作如图 6-58 所示。

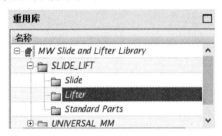
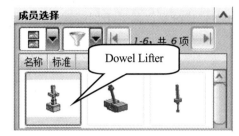

图 6-55　选择斜顶类型

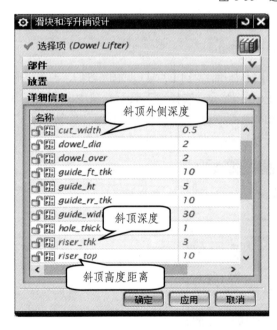

图 6-56　修改斜顶参数

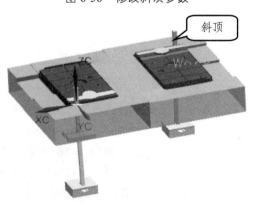

图 6-57　斜顶

172

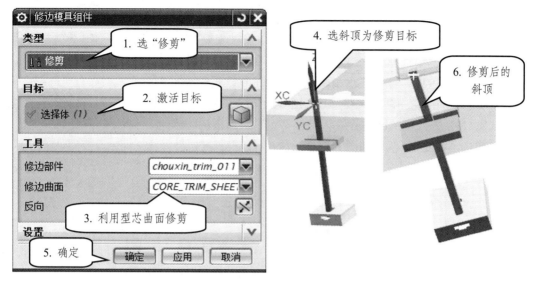

图 6-58 修剪斜顶

（5）创建腔体，单击"腔体"工具 🔩，打开"开腔"对话框，根据图 6-59 进行开腔工作，再单独打开型芯零件 chouxin_core_005.prt，可以发现型芯上多了一个用于装配斜顶的腔槽特征。

图 6-59 "开腔"对话框

（6）保存全部文件，退出应用程序。

6.6 镶件设计

在模具的型芯或型腔中，有些结构为了便于加工或便于零部件更换，常会采纳镶拼结构。一个完整的镶件由镶件头和固定部分（FOOT）组成，若不采用固定部分，则通过其他方式固定。

下面通过实例介绍镶件的设计过程。

（1）扫描本章末二维码，打开文件"chap06/镶件/xiangjian_top_009.prt"，将定模部分零件与塑件隐藏，右键单击型芯零件 xiangjian_core_005.prt，选择"在窗口中打开"。

（2）切换到"注塑料模向导"主选项卡，单击"主要"功能区的"子镶块库"工具，在图 6-60 的重用库中选择"INSERT"，由于是在型芯上设计镶件，所以在"成员选择"选择"CORE SUB INSERT"，打开"子镶块设计"对话框。

（3）修改详细信息中的相关信息，如图 6-61 所示。单击"应用"，打开图 6-62 所示的"点"对话框，选择图 6-63 中的圆边界线，单击"点"对话框的"确定"，继续打开"部件名管理"对话框，单击"确定"，获得如图 6-63 所示的镶件。

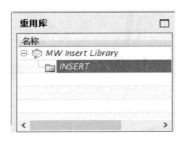 

图 6-60　重用库和成员选择

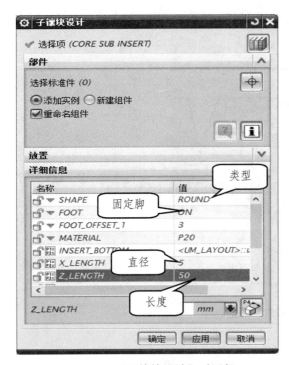 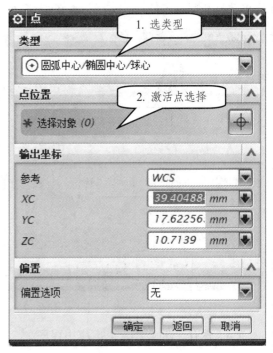

图 6-61　"子镶块设计"对话框　　　　图 6-62　"点"对话框

图 6-63　选择镶件位置点

174

（4）对镶件进行修剪，单击"注塑模工具"功能区的"修边模具组件工具" ，打开图 6-64 中的"修边模具组件"对话框，根据提示进行操作。注意在进行镶件修剪操作时，要选择一模两腔中处于激活状态的那个型芯的镶件，即含"work"字样的腔是被激活的腔。

图 6-64　"修边模具组件"对话框

（5）对镶件进行建腔操作，单击"主要"功能区的"腔体"工具 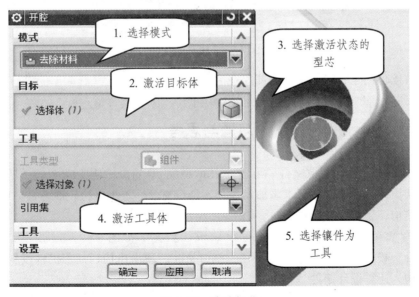，利用镶件对型芯进行建腔，具体操作如图 6-65 所示，建腔以后的腔体如图 6-66 所示，另一个型腔将自动以阵列形式获得相同的腔体特征，无须重复操作。

图 6-65　建腔操作

175

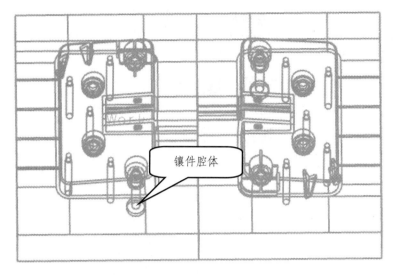

图 6-66　镶件腔体

（6）用相同方法对另外几处镶件创建腔体并开腔，不再赘述，结果如图 6-67 所示。

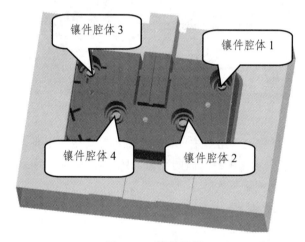

图 6-67　镶件腔体

（7）所有镶件创建完毕，文件全部保存。

习题与思考

1. 扫描本章末二维码获取文件"习题/exer06/ex06_01.prt"，如图 6-68（a）所示，对其进行分模及模架设计。模架设计要求添加定位环、浇口衬套、顶出机构，抽芯机构或斜顶机构，如果有镶件结构，还需设计镶件。

2. 扫描本章末二维码获取"习题/exer06/ex06_02.prt"，如图 6-68（b）所示，对其进行分模及模架设计。模架设计要求添加定位环、浇口衬套、顶出机构，抽芯机构或斜顶机构，如果有镶件结构，还需设计镶件。

（a）ex06_01.prt

（b）ex06_02.prt

图 6-68　模型文件

扫码获取源文件

扫码获取习题文件

扫码获取操作视频

7 浇注系统设计

浇注系统是熔融塑料从注射机喷嘴进入型腔所流经的通道，包括主流道、分流道、浇口及冷料井，其结构如图 7-1 所示。

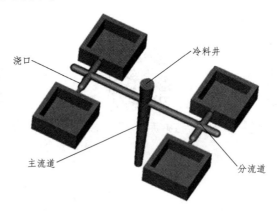

图 7-1　浇注系统组成

MoldWizard 提供了创建主流道、分流道、浇口以及其他冷却系统附件的专用工具，本章将介绍冷却系统的设计过程。

本章重点知识：

（1）主流道设计。
（2）分流道设计。
（3）浇口设计。

7.1　主流道设计

主流道是连接注射机喷嘴与分流道的一段通道，通常设计在浇口衬套内，和注射机喷嘴在同一轴线上，如图 7-2 所示，主流道横截面有很多类型，其中圆形最常用，带有一定锥度。

在 MoldWizard 中设计主流道的过程就是加载浇口衬套标准件的过程，主流道就是浇口衬套的内孔道，如图 7-2 所示，下面介绍其设计过程。

（1）扫描本章末二维码，打开文件"chap07/浇注系统/unfinished/mingpiange_top_009.prt"。

（2）隐藏动模、导套导柱以及顶杆，对定模部分定模板、A 板进行建腔操作，实现从定模板以及 A 板中切减定位环和浇口衬套，如图 7-3 所示。切减以后的 A 板中间有一个浇口衬套切减特征，如图 7-4 所示。利用拉伸和内嵌的布尔求减进行操作，得到的 A 板结构如图 7-5所示。

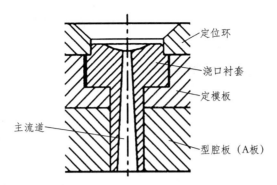

图 7-2　主流道及浇口衬套

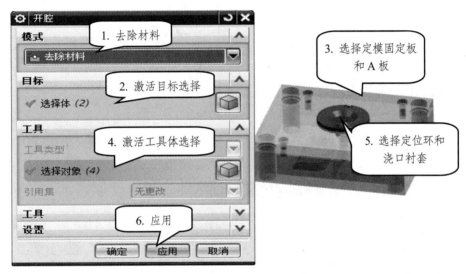

图 7-3　建腔操作

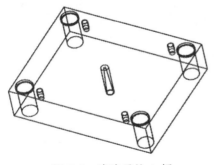

图 7-4　建腔后的 A 板

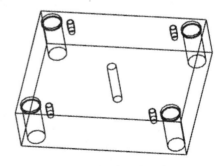

图 7-5　切减后的 A 板

7.2　分流道和浇口设计

继续进行分流道设计。

（1）继续打开文件"chap07/浇注系统/unfinished/mingpiange_top_009.prt"。隐藏除
"mingpiange_core_005.prt"外的所有零件。

（2）切换到"注塑模向导"模式，单击"注塑模工具"功能区的"合并腔"工具 ，打开"合并腔"对话框,对两个"mingpiange_core_005.prt"进行合并操作,合并零件名为"mingpiange_comb-core_015.prt",如图7-6所示。

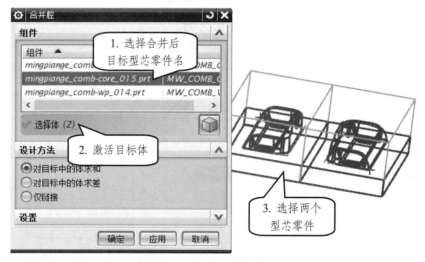

图7-6 合并腔操作

（3）选择"主要"功能区的"流道"工具 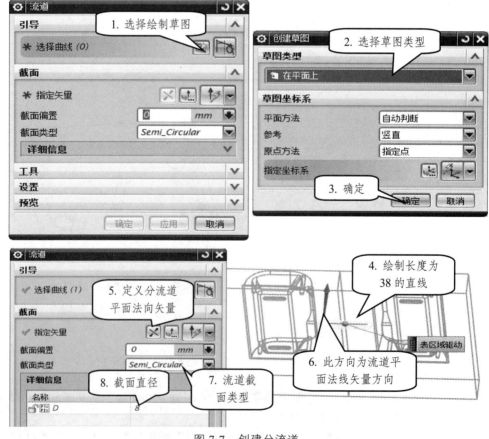,打开"流道"对话框,根据图7-7绘制流道直线后创建直径为8 mm,长度为38 mm,形状为半圆形的分流道。

图7-7 创建分流道

（4）创建浇口，单击"主要"功能区的"设计填充"工具 ![icon] 打开"设计填充"对话框，如图 7-8 所示。

图 7-8 "设计填充"对话框

（5）在"放置"一栏，通过"放置点"功能按钮定义浇口位置，如图 7-9 所示。

图 7-9 定义浇口位置

（6）在"详细信息"一栏，定义浇口尺寸和类型，如图 7-10 所示。

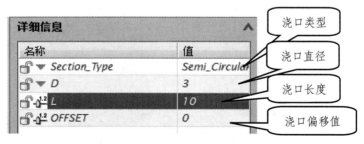

图 7-10 浇口尺寸及类型

（7）在定义好浇口放置位置后，浇口的轴线方向由 XC 方向决定，如果生成的浇口方向符合设计意图，可以双击旋转手柄，输入旋转角度，如图 7-11 所示。

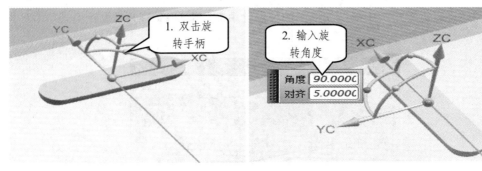

（a）调整前浇口方位   （b）调整后浇口方位

图 7-11 调整浇口方位

（8）用相同方法和参数创建另一侧浇口，整个流道和浇口如图 7-12 所示。

（9）对流道和浇口建腔，单击"腔"工具 🐾，打开"开腔"对话框，如图 7-13 所示。在模架装配导航器中找到建腔后的合并型芯零件"mingpiange_comb-core_015.prt"，用鼠标右键单击，选择"在窗口中打开"，打开合并型芯零件为目标体，再选择分流道和两个浇口为工具体，操作如图 7-14 所示。

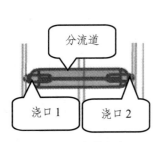

图 7-12 分流道和浇口

图 7-13 "开腔"对话框

图 7-14 合并型芯建腔

（10）保存文件全部。

习题与思考

1. MoldWizard 注塑模向导中包含哪些分流道类型？

2. MoldWizard 注塑模向导中包含哪些浇口类型？

3. 扫描本章末二维码获取文件"exer07/ex07_01.prt"，对图 7-15 所示的零件完成分模和模架设计，要求在模架中添加定位环、浇口衬套、顶出机构及其完整的浇注系统（主流道、分流道以及浇口）。

4. 扫描本章末二维码获取文件"exer07/ex07_02.prt"，对图 7-16 所示的零件完成分模和模架设计，要求在模架中添加定位环、浇口衬套、顶出机构及其完整的浇注系统。

图 7-15　ex07_01.prt

图 7-16　ex07_02.prt

扫码获取源文件

扫码获取习题文件

扫码获取操作视频

8 冷却系统设计

注塑模冷却系统的功能是加速塑件和模具的冷却速度，冷却系统的好坏直接影响产品的生产周期和模具寿命的长短。

冷却系统设计时，一般要遵循下面主要原则：

（1）冷却水孔越多，水孔直径越大，冷却效果越好。

（2）水孔与模具表面距离均匀，且要符合最小壁厚要求。

（3）在热量聚集、温度较高的部位应加强冷却。

（4）冷却系统能形成单向循环，且尽量使每个循环水路的进水和出水温度保持在一定的温差范围内。

本章重点知识：

冷却系统设计。

8.1 冷却系统设计

冷却系统的设计是可以通过 MoldWizard "冷却工具" 功能区的 "冷却标准件库" ⬛ 快速创建冷却水道以及管塞、密封圈、水嘴等冷却系统附件，如图 8-1 所示。

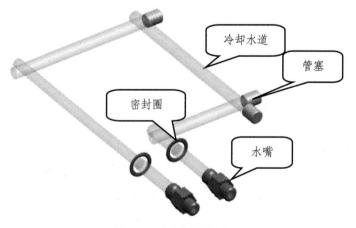

图 8-1 冷却系统组成

下面通过实例介绍冷却系统设计过程。

（1）扫描本章末二维码，打开文件 "chap08/冷却系统/unfinished/mingpiange_top_oo9.prt"，在该模架中已经完成了定位环、浇口衬套以及顶杆、浇注系统的创建。

（2）通过"装配导航器"将模架动、定模部分以及定位圈、浇口衬套和顶出机构隐藏，如图 8-2 所示，只显示合并后的型芯零件"mingpiange_comb-core_015.prt"，如图 8-3（c）所示。

图 8-2　装配导航器

被隐藏的装配导航器各节点以及包含的特征：

mingpiange_prod_002×2：包含一模两腔特征以及顶杆。

mingpiange_misc_004：包含定位环和浇口衬套。

mingpiange_dm_041：包含模架的定模和动模。

（3）单击"冷却标准件库"工具，在"重用库"一栏选择"Water"，在"成员选择"一栏选择"COOLING HOLE"，打开"冷却组件设计"对话框，根据图 8-3 所示的方法创建第一条水路。

其中图 8-3（d）中的"面中心"工具被激活后，图 8-3（c）中被选择的放置平面的中心点自动作为参考点，以确定"标准件位置"对话框中"偏置"选项的 X 偏置，Y 偏置值。从图 8-3（b）的"冷却组件对话框"的详细信息列表可知，第一条水路直径参数"PIPE_THREAD"为 M8，长度参数"HOLE_1_DEPTH""HOLE_2_DEPTH"均为 165，从图 8-3（d）可知（X 偏置，Y 偏置）为（15，0）。

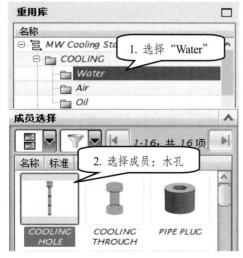

（a）重用库和成员列表　　　　（b）冷却组件对话框

（c）选择放置平面

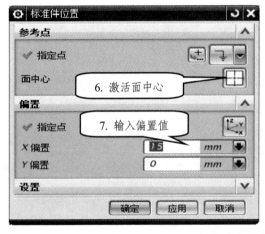
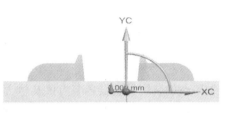

（d）定义放置参考点

（e）生成水道

图 8-3　定义冷却水孔

（4）用相同方法创建第 2 条水道，长度为 100，（X 偏置，Y 偏置）为（70，0）（见图 8-4）。

图 8-4　第 2 条水道放置平面

（5）用相同方法创建第 3 条水道，放置平面如图 8-5 所示，水道长度为 165，（X 偏置，Y 偏置）为（95，0）。

（6）用相同方法创建第 4 条水道，放置平面如图 8-6 所示，水道长度为 100，（X 偏置，Y 偏置）为（-70，0）。

图 8-5　第 3 条水道放置平面

图 8-6　第 4 条水道放置平面

（7）用相同方法创建第 5 条水道，放置平面如图 8-7 所示，水道长度为 25，（X 偏置，Y 偏置）为（35，0），5 条水道全部创建完毕，如图 8-8 所示。

图 8-7　第 5 条水道放置平面

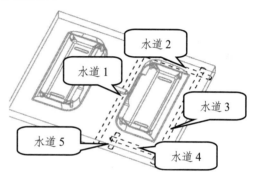

图 8-8　所有水道

（8）用相同方法创建 B 板对应位置的第 6、7 条水道，放置平面如图 8-9 所示，水道长度为 38，（X 偏置，Y 偏置）分别为（15，0）和（35，0）。

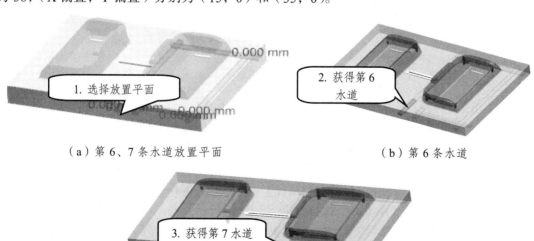

（a）第 6、7 条水道放置平面　　　　　　　　（b）第 6 条水道

（c）第 7 条水道

图 8-9　创建第 6、7 条水道

（9）调整第 6、7 条水道方位，单击"冷却标准件库"工具 🗐，在"重用库"一栏选择"Water"，在"成员选择"一栏选择"COOLING HOLE"，打开"冷却组件设计"对话框，如图 8-10 所示，激活"选择标准件"，选择第 6 条水道，通过"翻转方向"按钮实现水道方位调整，用相同方法调整第 7 条水道的方位，调整方位后的水道处于 B 板上，结果如图 8-11 所示。

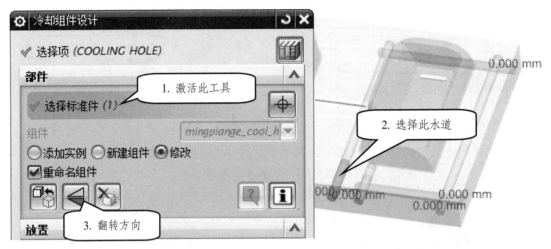

图 8-10　重定义水道

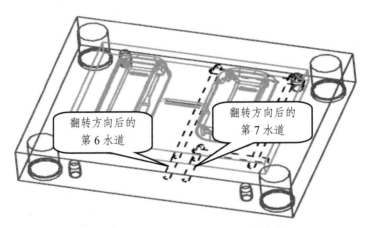

图 8-11　调整方位后的第 6、7 条水道

（10）创建密封圈，在窗口中将 B 板隐藏，选择第 6 水道，单击"冷却标准件库"工具 🗐，在"重用库"一栏选择"Water"，在"成员选择"一栏选择"O-RING"，打开"冷却组件设计"对话框，在"冷却组件设计"对话框中修改密封圈直径参数 FITING_DIA 为 8，如图 8-12 所示。

（11）如果用户在设计过程中想查看组件详细信息，单击冷却组件设计对话框的"放置"选项下面的信息窗口按钮 🔳，可打开对应组件的信息窗口，如图 8-13 所示。

（12）获得的密封圈如图 8-14 所示，如果其位置不符合要求，需要调整密封圈方位。具体操作为单击"冷却标准件库"工具 🗐，在"重用库"一栏选择"Water"，在"成员选择"一栏选择"O-RING"，打开"冷却组件设计"对话框，在"冷却组件设计"对话框中的"部件"选项中，激活"选择标准件"，并用鼠标在窗口中选择刚才生成的密封圈，通过"重定位"按钮 🔧 重新调整其位置，如图 8-15 所示。

图 8-12　冷却组件对话框

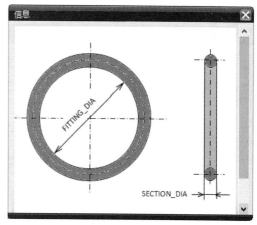

图 8-13　信息窗口

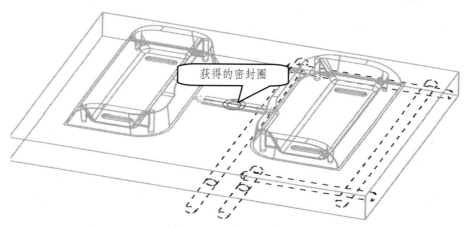

图 8-14　获得密封圈

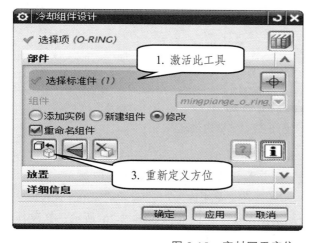

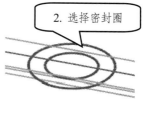

图 8-15　密封圈重定位

（13）单击图 8-15 中的"重定位"按钮，打开"移动组件"对话框，先通过"动态"方法的旋转 90°，将定位圈调整为图 8-16 的状态；再将"变换"选项切换到"点到点"，出发点为定位圈原来位置即工作坐标系原点（0，0，0），目标点为 B 板和型芯结合面（第 1 条和第 6 条水道相接处），如图 8-17 所示。

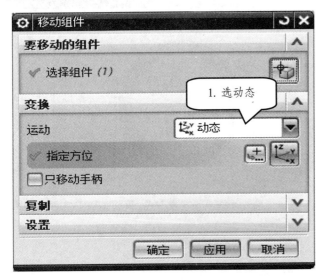
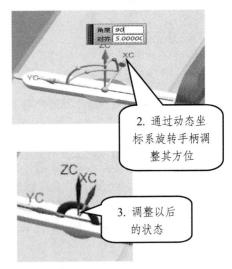

图 8-16　动态调整定位圈

图 8-17　移动定位圈

（14）调整方位后的密封圈如图 8-18 所示。

（15）用相同方法定义另一个密封圈并调整其方位，结果如图 8-19 所示。

（16）单击"冷却标准件库"工具，在"重用库"一栏选择"Water"，在"成员选择"一栏选择"DIVERTER"，打开"冷却组件设计"对话框，如图 8-20 所示，修改其直径参数"FITTING_DIA"为"8"，获得管塞，如果其方位不对，需要调整。

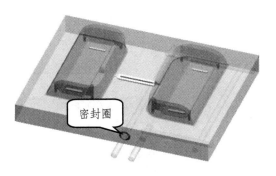

图 8-18　定位圈移动结果

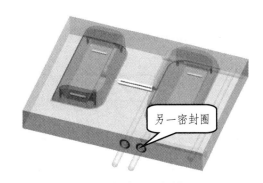

图 8-19　创建另一密封圈

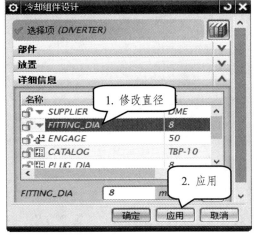

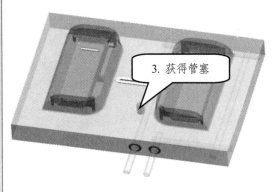

图 8-20　修改管塞直径

（17）再次单击"冷却标准件库"工具，在"重用库"一栏选择"Water"，在"成员选择"一栏选择"DIVERTER"，打开"冷却组件设计"对话框，如图 8-21 所示，激活"部件"选项下面的"选择标准件"，选择图 8-20 中的管塞，单击图 8-21 中的"重定义方位"按钮，打开图 8-22 的"移动组件"对话框，先通过"动态"调整管塞方位，具体步骤如图 8-22 所示，调整方位后的管塞如图 8-23 所示。

图 8-21　进入管塞的修改界面

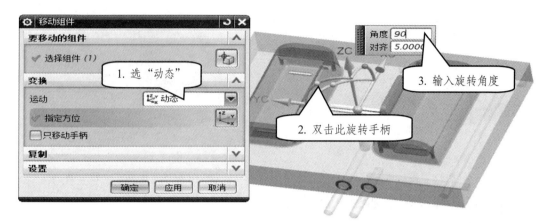

图 8-22　移动组件

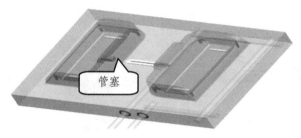

图 8-23　调整后的管塞

（18）继续通过"移动组件"对话框中的"点对点"方法进行第二次调整管塞方位，操作步骤如图 8-24 所示，操作结果如图 8-25 所示。

图 8-24　继续调整管塞方位

（19）用相同方法创建另两个管塞，如图 8-26 所示。

（20）创建水嘴，取消 B 板的隐藏，单击"冷却标准件库"工具，在"重用库"一栏选择"Water"，在"成员选择"一栏选择"CONNECTER PLUG"，打开"冷却组件设计"对话框，如图 8-27 所示，修改水嘴两个参数："SUPPLIER"为"HASCO""　PIPE_THREAD"

为"M8"，获得水嘴，如图 8-28 所示。

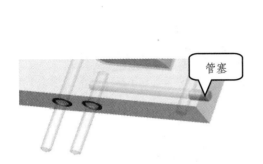

图 8-25 第二次调整方位后的管塞

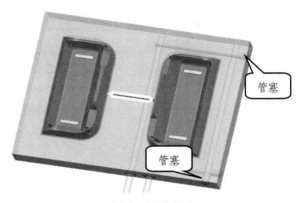

图 8-26 创建另两个管塞

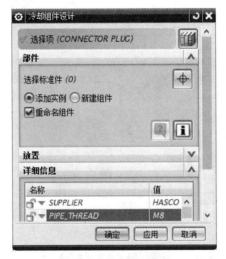

图 8-27 水嘴参数

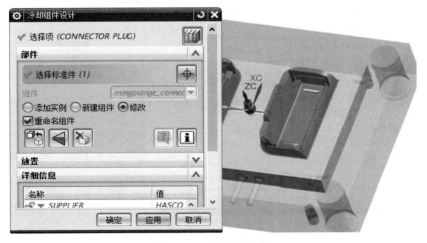

图 8-28 水嘴重定位

（21）调整水嘴方位，用调整管塞方位相同的方法对水嘴方位进行调整。

（22）选择"重定位"工具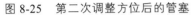，打开"移动组件"对话框，先通过"动态"方法旋转水嘴

方位，如图 8-29 所示。再通过"点到点"方法移动水嘴位置，如图 8-30 所示。

图 8-29　旋转水嘴

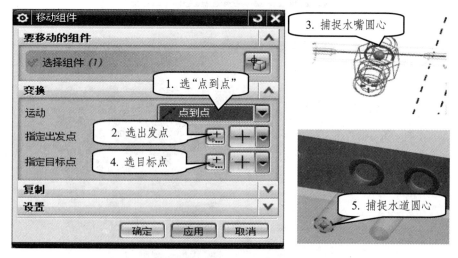

图 8-30　移动水嘴

（23）获得调整方位后的水嘴，如图 8-31 所示。

（24）用相同方法获得另一水嘴，如图 8-32 所示。

（25）另一型芯的水路可以通过镜像方法获得，具体步骤为切换到装配模式，选择图 8-33

中"装配"选项下"组件"功能区的"镜像装配"命令,打开"镜像装配向导"对话框。

图 8-31　水嘴

图 8-32　另一水嘴

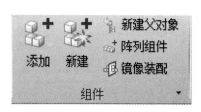

图 8-33　"组件"功能区

（26）在图 8-34 的"镜像装配向导"对话框中,单击"下一步",继续打开图 8-35 的装配向导,信息提示框要求选择镜像组件,用鼠标在装配导航器中选择"mingpiange_cooling_000"或在窗口中选择要镜像的组件,包括所有水道、密封圈、管塞以及水嘴。

图 8-34　镜像装配向导

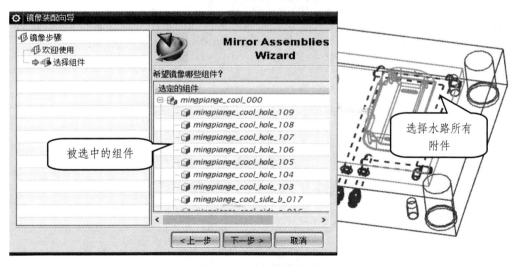

图 8-35　选择镜像组件

（27）选择好要镜像的组件后,单击图 8-35 界面的"下一步",打开图 8-36 的界面,单击该界面中的创建镜像平面的工具🗔,定义 XC-ZC 平面为镜像平面,单击"下一步",直到最后"完成"按钮,获得镜像的水路如图 8-37 所示。

图 8-36　定义镜像平面

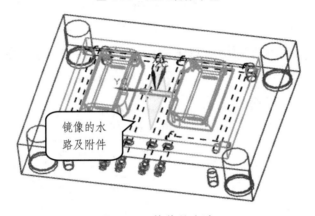

图 8-37　镜像的水路

（28）对所有水路进行建腔，单击"主要"功能区的建腔工具 ，选择合并后的型芯零件"mingpiange_comb-core_015"为目标体，选择所有水路组件为工具体，完成建腔。单独打开"mingpiange_comb-core_015"零件，可以看到零件内部的水路特征，如图 8-38 所示。

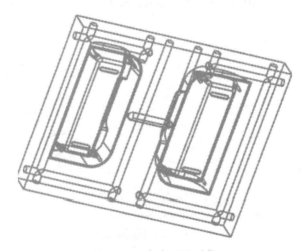

图 8-38　建腔后的型芯

（29）对 B 板进行建腔，具体操作如图 8-39 所示。选择 B 板上的 4 条水道、4 个密封圈以及 4 个水嘴为工具体，建腔后的 B 板结构如图 8-40 所示。

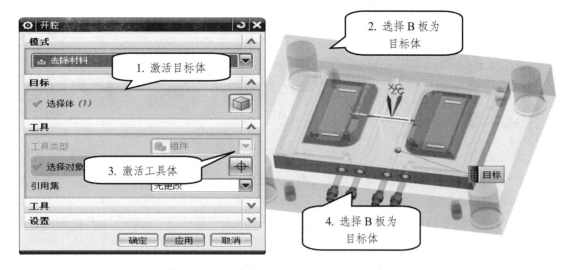

图 8-39　B 板建腔

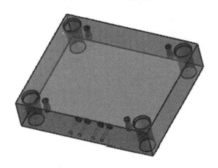

图 8-40　建腔后的 B 板

（30）至此，动模部分冷却系统创建完毕，保存文件全部。

（31）用相同方法创建定模部分冷却系统。

8.2　模架综合设计实例——音量调节面板

在 5.11 节中已经完成音量调节面板分型设计，下面在此基础上继续完成其模架及标准件设计，包括模架加载、标准件设计以及顶出机构、浇注系统、冷却系统等的设计。

8.2.1　加载模架

（1）扫描本章末二维码，打开文件"chap08/音量调节面板/unfinished/yltj_top_034.prt"，该文件中包含分模结束后的所有文件。

（2）利用【分析】|【测量】|【测量距离】，测量一模两腔布局模具的长和宽分别为 360 mm和 230 mm，切换到"注塑模向导"选项卡，单击"主要"功能区中的"模架库"工具 🔲 ，打开"模架库"对话框，在"重用库"中选"DME"，在"成员选择"中选择"2A"，如图 8-41所示。

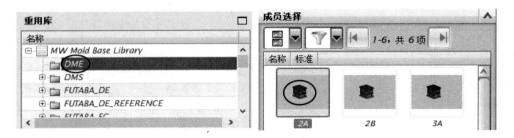

图 8-41　重用库和成员选择

（3）在"模架库"对话框中定义模架类型、A 板厚度、B 板厚度以及 C 板厚度，如图 8-42 所示，单击"确定"或"应用"，继续打开图 8-43 的"部件名管理"对话框，单击该对话框的"确定"，系统开始加载模架，如果加载的模架方位不对，可以通过"旋转"工具 ⊡ 调整，加载的模架如图 8-44 所示。

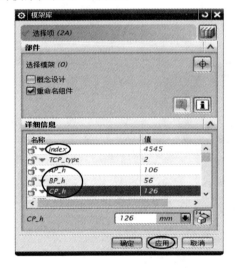

图 8-42　"模架库"对话框

图 8-43　"部件名管理"对话框

图 8-44　加载的模架

8.2.2　添加标准件

1．添加定位圈

单击"主要"功能区的"标准件库"工具 ⊞，在图 8-45 的"重用库"中选择"Locating Ring Inerchangeable"，在"成员选择"一栏选择"Locating Ring"。在图 8-46 的"标准件管理"

对话框中设置"TYPE"参数为"M_LRB",单击应用,打开图 8-47 的"部件管理器"对话框,单击确定,完成定位圈加载,单击"标准件管理"对话框的"确定"或"取消"关闭该对话框。

图 8-45　重用库和成员选择

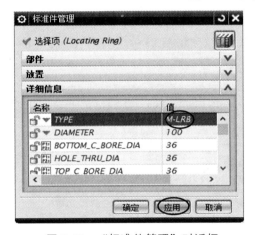

图 8-46　"标准件管理"对话框

图 8-47　"部件管理器"对话框

2. 添加浇口衬套

在"重用库"中选择"Sprue Bushing"在"成员选择"一栏选择"Sprue Bushing"(见图 8-48)。在"标准件管理"对话框中设置"CATALOG"参数为"M_SBI","CATALOG_DIA"参数为 20(见图 8-49),"CATALOG_LENGTH"参数为 127(此参数还需根据实际情况调整)单击"应用",打开图 8-50 的"部件名管理"对话框,单击"确定",完成浇口衬套添加,单击"标准件管理"对话框的"确定"或"取消"关闭该对话框,加载的定位圈和浇口衬套如图 8-51 所示。

图 8-48　重用库和成员选择

图 8-49　"标准件管理"对话框

图 8-50　"部件名管理"对话框

图 8-51　加载的定位圈和浇口衬套

　　对定模板和 A 板进行建腔操作，单击"主要"功能区的"腔体"工具 🔧，打开图 8-52 的 "开腔"对话框，定义定模板和 A 板为目标体，定位圈和浇口衬套为工具体，单击"应用"，开腔后的定模板和 A 板如图 8-53 所示。

图 8-52　"开腔"对话框

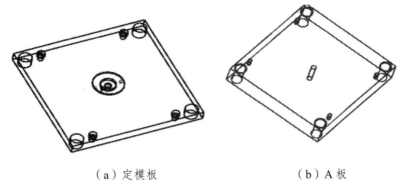

（a）定模板　　　　　　　　　　　（b）A板

图 8-53　定模板和 A 板

3. 添加顶杆及顶杆后处理

单击"主要"功能区的"标准件库"工具，在图 8-54 所示的"重用库"中选择"Ejection"，在"成员选择"一栏选择"Ejector pin（Straight）"，在图 8-55 所示的"标准件管理"对话框中设置相关参数，单击"应用"，弹出"点"对话框。

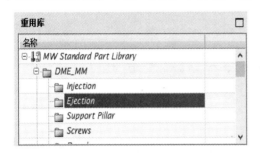

图 8-54　重用库和成员选择

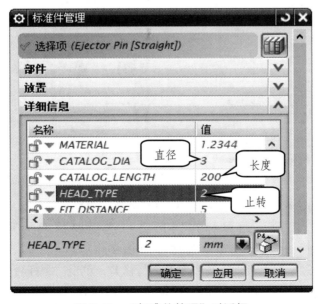

图 8-55　"标准件管理"对话框

打开 8-56 的"点"对话框后，通过俯视图工具调整视图方位，用鼠标在图形窗口选择顶杆放置位置点，单击"点"对话框的"确定"，弹出图 8-57"部件名管理"对话框，单击"确定"后，继续回到"点"对话框，用相同方法在图形区继续选择顶杆的位置点，在最后一个点定义完以后，单击"点"对话框的"取消"（如果单击"确定"或"应用"，会有两个点重叠在一起）关闭"点"对话框，回到"标准件管理"对话框，单击"确定"关闭该对话框，所有顶杆位置点如图 8-58 所示。

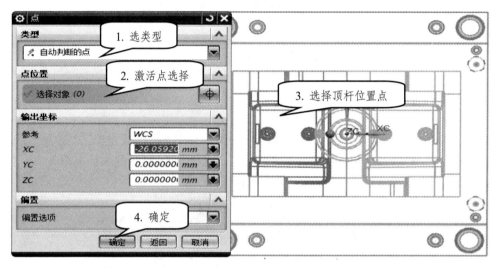

图 8-56　"点"对话框

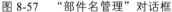

图 8-57　"部件名管理"对话框

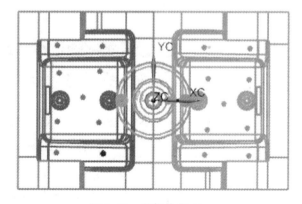

图 8-58　顶杆位置点

如果添加的顶杆长度不够，根据图 8-59 进行调整，再次单击"标准件库"工具 ，激活"选择标准件"选项，用鼠标在图形窗口选择要修改的顶杆，将长度参数"CATALOG_LENGTH"由"200"改为"315"，如图 8-59 所示。

由于顶杆长度超过型芯上表面，需要对其进行修剪，单击"顶杆后处理"工具 ，打开图 8-60 的"顶杆后处理"对话框，根据提示完成顶杆修剪后，单击"取消"关闭对话框，修剪后的顶杆如图 8-61 所示。

以型芯和 B 板为目标体，所有顶杆为工具体，对顶杆进行建腔操作，建腔后的顶杆如图

8-62 所示，具体操作过程与前面对定模板和 A 板建腔过程相同，不再赘述。

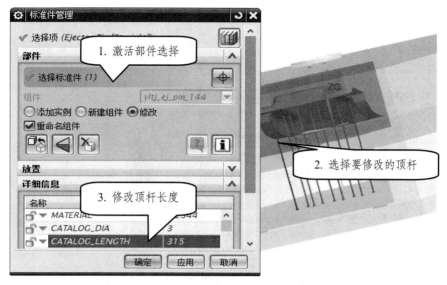

图 8-59　修改顶杆参数

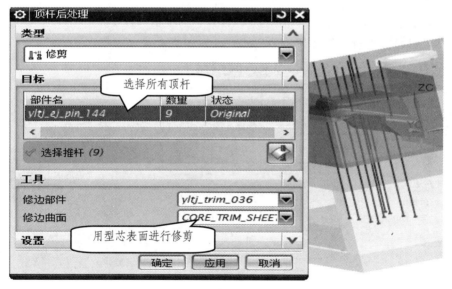

图 8-60　顶杆后处理

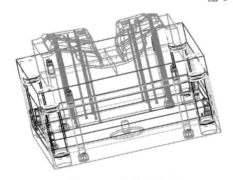

图 8-61　修剪后的顶杆

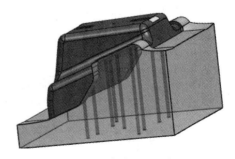

图 8-62　建腔后的型芯

8.2.3 浇注系统设计

1. 主流道设计

执行【分析】|【测量】，切换到"半径"类型，测量浇口衬套半径为 10 mm，具体操作如图 8-63 所示。

图 8-63　测量半径

通过合并腔工具将两个型腔合二为一，具体操作为单击"合并腔"工具 ⬚，打开"合并腔"对话框，根据图 8-64 进行操作。

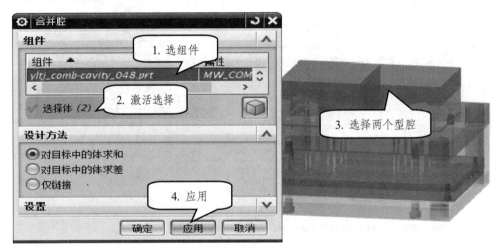

图 8-64　合并腔

单独打开合并腔零件"yltj_comb-cabity_048.prt"，通过拉伸的布尔求差获得该零件中主流道对应的孔，直径为 20 mm，如图 8-65 所示。

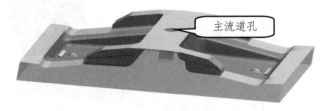

图 8-65　主流道孔

2. 分流道设计

在 XC-YC 位置创建基准平面,并以该平面为草图平面绘制如图 8-66 所示的长度为 40 mm 的直线。单击"流道"工具 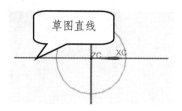,通过"流道"对话框创建直径为 8 mm 的分流道,如图 8-67 所示。再利用"建腔"工具 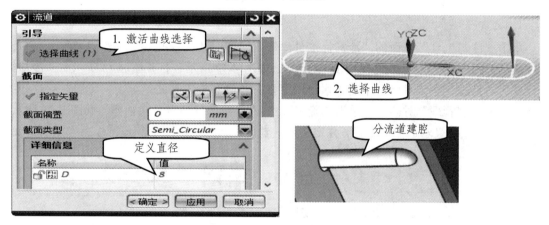,分别以型芯为目标体,以分流道为工具体,完成分流道建腔。

图 8-66　草图直线

图 8-67　创建流道及建腔

3. 创建浇口

单击"设计填充"工具 ,在"重用库"中选择"FILL_MM",在"成员选择"中选择"Gate[Subarine]",如图 8-68 所示。打开图 8-69 的"设计填充"对话框,选择分流道直线端点为放置位置,在"详细信息"一栏修改相关信息,并通过动态操控器调整浇口方位及位移,获得的浇口如图 8-70 所示。用相同方法获得另一侧浇口。

图 8-68　重用库和成员选择

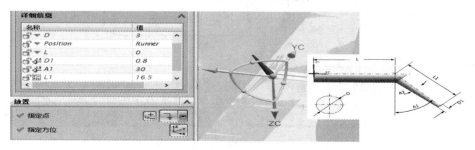

图 8-69　"设计填充"对话框

以前面合并后的型腔为目标体，两个浇口为工具体完成建腔操作，结果如图 8-71 所示。

图 8-70　浇口

图 8-71　浇口建腔

8.2.4　冷却系统设计

1. 设计冷却水道

单击"冷却工具"下面的"冷却标准件库"工具，在"重用库"一栏选择"Water"，在"成员选择"一栏选择"COOLING HOLE"，如图 8-72 所示，打开图 8-73 所示的"冷却组件设计"对话框。在该对话框中定义水道的直径、长度和放置平面，单击"应用"后打开图 8-74 的"部件名管理"对话框，单击"确定"。打开"标准件位置"对话框，如图 8-75 所示，通过"指定点"定义水道参考位置，并定义其偏置值，单击"应用"，完成第 1 条水道的定义。

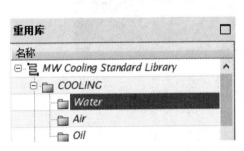

图 8-72　重用库和成员选择

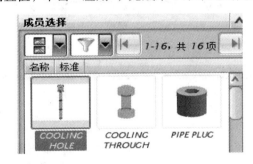

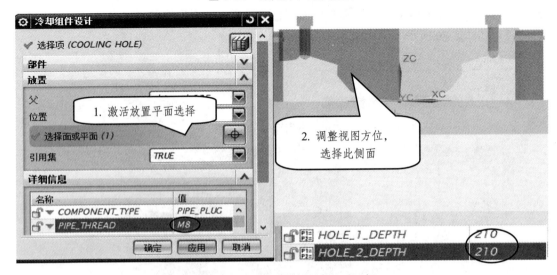

图 8-73　"冷却组件设计"对话框

206

图 8-74 "部件名管理"对话框

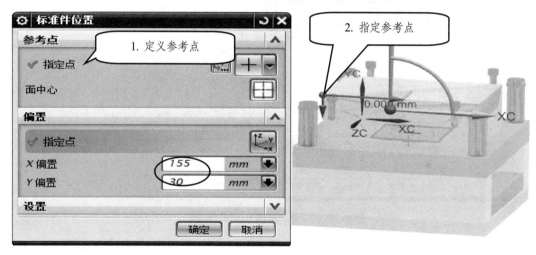

图 8-75 "标准件位置"对话框

继续用相同方法定义第 2 条水道,长度参数"HOLE_1_DEPTH"和"HOLE_2_DEPTH"均为 170,放置平面如图 8-76 所示,水道中心参考点和偏置值如图 8-77 所示。

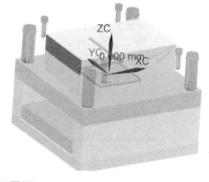

图 8-76 第 2 条水道放置平面

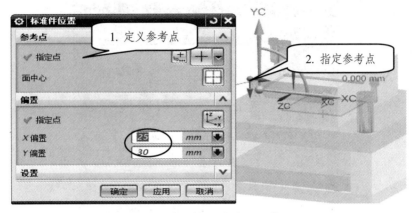

图 8-77　第 2 条水道中心孔位置

定义第 3 条水道，用第 1 条水道相同的放置平面和参考点，水道的参考偏置值为（15，30），长度为 210 mm，如图 8-78 所示。

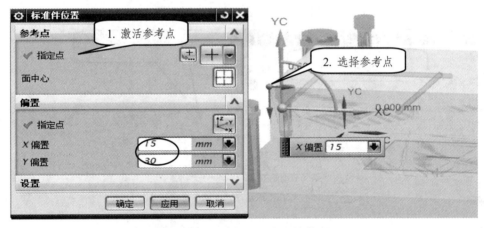

图 8-78　第 3 条水道中心孔位置

定义第 4 条水道，用第 2 条水道相同的放置平面和参考点，水道的参考偏置值为（210，30），长度为 130 mm，如图 8-79 所示。

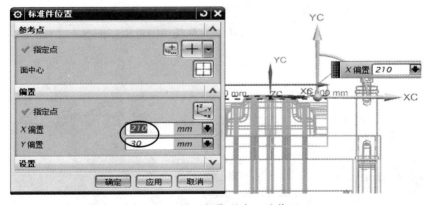

图 8-79　第 4 条水道中心孔位置

定义第 5 条水道，用第 1 条水道相同的放置平面和参考点，水道的参考偏置值为（125，

30），长度为 30 mm，如图 8-80 所示。

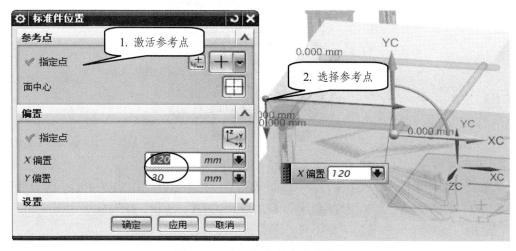

图 8-80　第 5 条水道中心孔位置

5 条水道创建完毕，如图 8-81 所示。

用相同方法创建 A 板上的两条水道，其中第 6 条水道和第 1 条水道相同的放置平面和参考点，水道的参考偏置值为（155，30），长度为 108 mm；第 7 条水道采用第 5 条水道相同的放置平面和参考点，水道的参考偏置值为（120，30），长度为 108 mm，如图 8-82 所示。如果获得的水道方位相反，需要进行调整。再次单击"冷却标准件库"工具，打开"冷却组件设计"对话框，根据图 8-83 通过"翻转方位"工具调整水道方位，A 板中的 2 条水道调整方位后如图 8-84 所示。

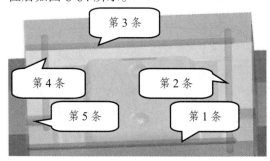

图 8-81　型腔 5 条水道

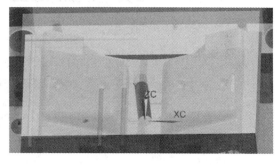

图 8-82　第 6、7 条水道

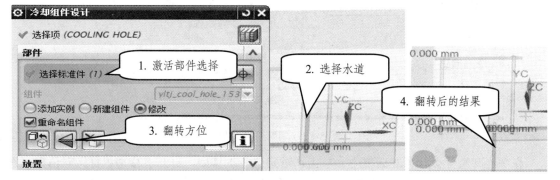

图 8-83　调整水道方位

图 8-84　A 板水道

2. 添加管塞

单击"冷却标准件库"工具 📇，在"成员选择"一栏中选择"DIVERTER"，修改管塞直径参数"FITTING_DIA"为 8，长度参数"PLUG_LENGTH"为 10，如图 8-85 和图 8-86 所示，单击"应用"，如果获得的管塞方位不对，需要根据图 8-87 进行调整。

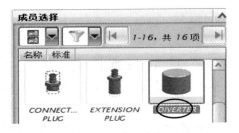

图 8-85　成员选择

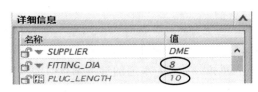

图 8-86　管塞参数

图 8-87　调整管塞方位

在"冷却组件设计"对话框中，单击"重定位"工具后，打开"移动组件"对话框，选择"点对点"，选择图 8-87 管塞端部圆心为出发点，然后选择第 3 条水道圆心为目标点，如图

8-88 所示。

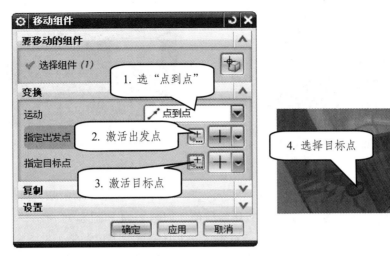

图 8-88 　"移动组件"对话框

用相同方法添加第 4 条水道管塞，也需要对管塞进行重定位：先通过"动态"将管塞方向进行旋转 90°，操作如图 8-89 所示，旋转后的方位如图 8-90 所示，再利用"移动组件"对话框的"点对点"变换将管塞由图 8-90 的出发点平移到图 8-91 的目标点。

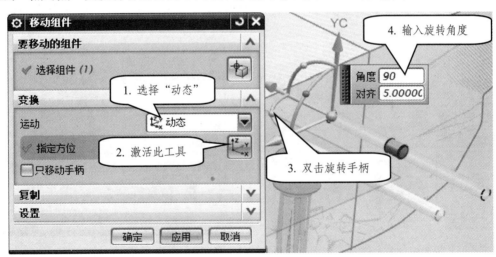

图 8-89 　动态调整方位

图 8-90 　旋转后的管塞

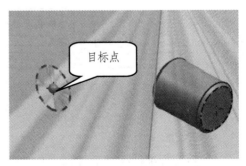

图 8-91 　平移目标点

211

第 2 条水道的管塞（见图 8-92）也用相同方法创建并进行方位调整，结果如图 8-93 所示。

图 8-92　调整后的结果

图 8-93　第 2 条水道管塞

3. 添加密封圈

单击"冷却标准件库"工具，在"成员选择"一栏中选择"O-RING"，修改密封圈直径参数"FITTING_DIA"为 8，其余参数用缺省值，如图 8-94 和图 8-95 所示，单击"应用"，发现密封圈所处的位置不对，需要通过"重定位"工具进行方位调整（见图 8-96），调整方法和管塞相同，利用"移动组件"对话框的"动态"或"点到点"变换运动来实现，详细步骤不再赘述，另一个密封圈用相同方法创建。

图 8-94　成员选择

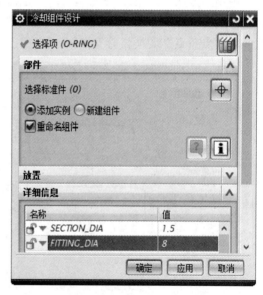

图 8-95　密封圈直径

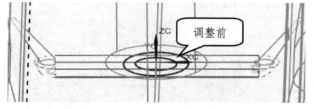

图 8-96　密封圈方位调整

4. 添加水嘴

单击"冷却标准件库"工具，在"成员选择"一栏中选择"CONNECTOR PLUG"，修改水嘴类型为"HASCE"，直径参数为 M8，其余参数用缺省值，如图 8-97 和图 8-98 所示，

图 8-97　成员选择

单击"应用"，发现密封圈所处的方位不对，需要通过"重定位"工具 进行方位调整，调整方法和管塞相同，利用"移动组件"对话框的"动态"或"点到点"变换运动来实现，详细步骤不再赘述，另一个水嘴用相同方法创建，最后获得的水嘴如图 8-99 所示。

图 8-98　修改参数

5. 镜像水路及附件

切换到装配模式，选择"装配"选项中"组件"功能区的"镜像装配"命令，如图 8-100 所示，打开图 8-101 的"镜像装配向导"对话框，单击"下一步"，继续打开图 8-102 所示的设计向导，与此同时信息提示框要求选择镜像组件，用鼠标在装配导航器中选择"yltj_ cooling_025"或在图形窗口中选择要镜像的组件，包括所有水道、密封圈、管塞以及水嘴。

图 8-99　水嘴图

8-100　"组件"功能区

图 8-101　镜像装配向导

图 8-102　选择装配组件

　　选择好镜像组件后，单击图 8-102 界面的"下一步"，打开图 8-103 所示的界面，单击该界面中的创建镜像平面的工具，定义 YC-ZC 平面为镜像平面，单击"下一步"，直到最后"完成"按钮，获得镜像的水路及附件。

图 8-103　定义镜像平面

对所有水路进行建腔，单击"主要"功能区的建腔工具 ，选择合并后的型腔零件"yltj_comb-cavity_048"和 A 板为目标体，工具类型选"组件"，在 8-104 的装配导航器图选择所有水路组件为工具体，完成建腔后单独打开"yltj_comb-cavity_048"零件，可以看到零件内部的水路特征，如图 8-105 所示。

动模部分冷却系统用定模部分相同方法创建，保存全部文件，退出应用程序。

至此，汽车内饰件——音量调节面板的模架设计全部完成。

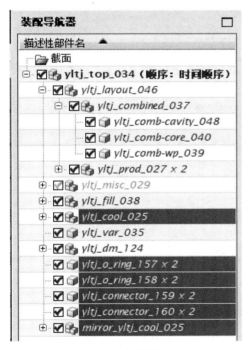

图 8-104　水路建腔

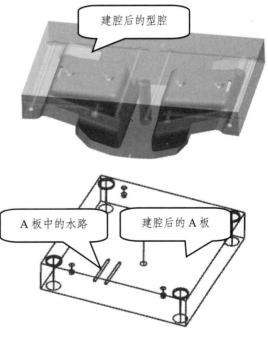

图 8-105　内部水路特征

习题与思考

1. 冷却系统的设计原则是什么？冷却系统主要由哪些附件组成？

2. 扫描本章末二维码获取文件"习题/exer08/ex08_01.prt," 对图 8-106 的零件完成分模（第 5 章练习要求完成分模设计）和模架设计，要求在模架中添加定位环、浇口衬套、顶出机构、浇注系统及其完整的动、定模冷却系统。

图 8-106 ex08_01.prt

扫码获取源文件   扫码获取习题文件   扫码获取操作视频

9 综合设计实例

本章以汽车倒车影像显示面板为例，介绍其分模及模架设计的全部过程。塑件如图 9-1 所示，对该零件进行结构工艺性分析：塑件包含两个侧孔，需要设计外侧抽芯机构，斜面上还包含两个孔，需要利用拆分面工具对其进行面拆分，该塑件模架中，还要设计斜顶机构实现内侧抽芯。此外由于零件形状不规则，其分型线是不规则空间曲线，分型设计有一定难度。

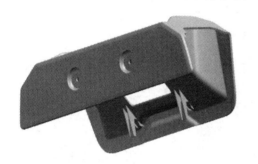

图 9-1　汽车倒车影像显示面板

设计难点：

（1）不规则分型面设计。

（2）外侧抽芯机构、斜顶机构设计。

（3）隔水板设计。

9.1　分型设计

9.1.1　模具设计准备

（1）扫描本章末二维码，打开"chap09/汽车倒车显示仪面板/unfinished/dchxsh_panel.prt"文件，如图 9-1 所示，切换到"注塑模向导"选项卡，单击"初始化项目"工具 ，打开"初始化项目"对话框，完成项目初始化，如图 9-2 所示。

（2）初始化项目后，通过【工具】|【更多】|【显示 WCS】，将工作坐标系显示出来，但发现 WCS 在窗口以外的区域，说明 WCS 离模型很远，利用"动态 WCS"将 WCS 调整到图 9-3（a）的位置。

（3）单击"模具坐标系"工具 ，打开"模具坐标系"对话框，设置模具坐标系，如图 9-3（b）所示。

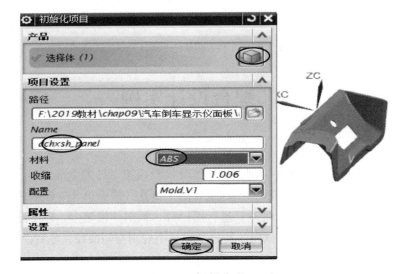

图 9-2 初始化项目

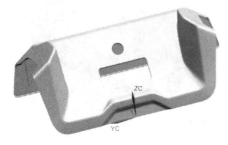

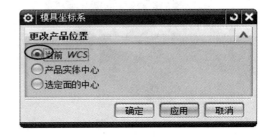

（a） 动态调整 WCS   （b） 定义模具坐标系

图 9-3 WCS 坐标系

（4）定义工件，单击"工件"工具，打开"工件"对话框，利用系统缺省值定义工件参数，获得工件，如图 9-4 所示。

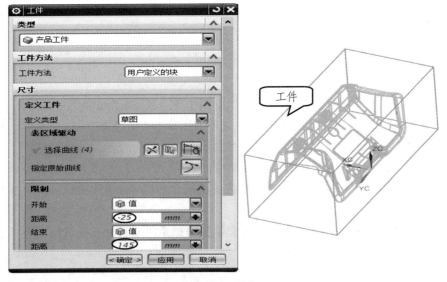

图 9-4 工件定义

（5）定义型腔布局，由于两个圆形侧孔位置要做外侧抽芯，所以一模两腔布局时沿 "-XC" 方向布局，单击 "型腔布局" 工具圆，打开图 9-5 所示的 "型腔布局" 对话框，完成一模两腔的布局定义。

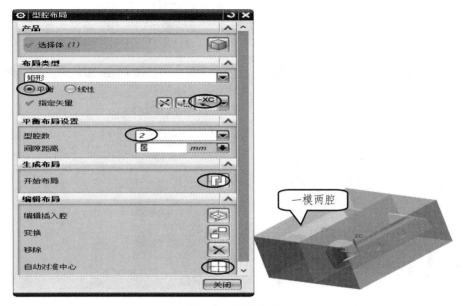

图 9-5　型腔布局

（6）到此为止，完成了本项目的模具设计准备工作。

9.1.2　拆分面

单击 "注塑模工具" 功能区的 "拆分面" 工具，通过 "等斜度" 类型，对塑件斜面上的两个孔以及侧面的三个部位进行拆分面操作，如图 9-6 所示。

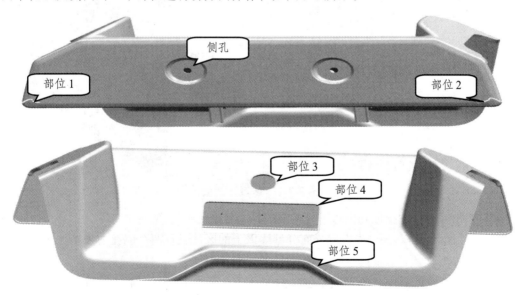

图 9-6　拆分面的部位

9.1.3 定义区域

（1）单击"分型刀具"功能区的"检查区域"工具 △，打开"检查区域"对话框，选择图 9-7 的"计算"选项卡，单击"计算"工具，系统自动对模型区域进行计算。

（2）选择"面"选项，单击图 9-8 中"设置所有面的颜色"工具，系统根据不同面的拔模角将模型表面设置不同颜色。

图 9-7 "计算"选项   图 9-8 "面"选项

（3）选择"区域"选项，单击"设置区域颜色"工具，系统将型腔区域、型芯区域以及未定义区域以不同颜色显示，如图 9-9 所示，有 172 个未定义区域，需要通过"指派到区域"来重新指派到型腔区域或型芯区域。

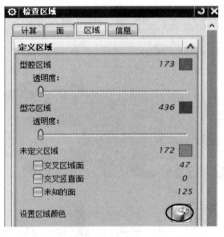

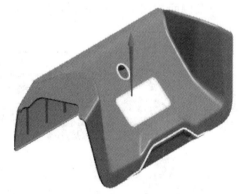

图 9-9 "区域"选项

（4）在图 9-10 的"指派到区域"一栏中选择"型腔区域"，关闭"内环""分型边""不完整环"前面的钩，再将图 9-6 中拆分面分型线以上的区域以及两个侧孔的未指派区域指派到型腔区域，其余未定义指派到型芯区域。

（5）指派区域过程中，由于模型包含曲面众多，有些窄小曲面不容易被发现，因此在指派区域时可以通过"定义区域"工具来帮助，打开"定义区域"对话框，用鼠标选择"未定义的面"后，未定义的面将会在模型中加亮显示如图 9-11 所示。单击"取消"关闭"定义区域"对话框，再重新打开"检查区域"对话框，再次利用"检查区域"的"指派到区域"工具便可将这些加亮显示未定义的面指派到不同区域，直到所有未定义区域被指派完为止，注意图 9-6 的部位 1、部位 2 以及侧孔内侧的几个窄小区域面的指派,这几个区域放大后如图 9-12 所示。

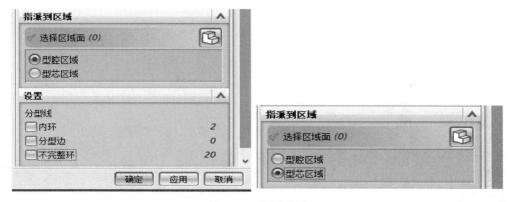

图 9-10 指派区域

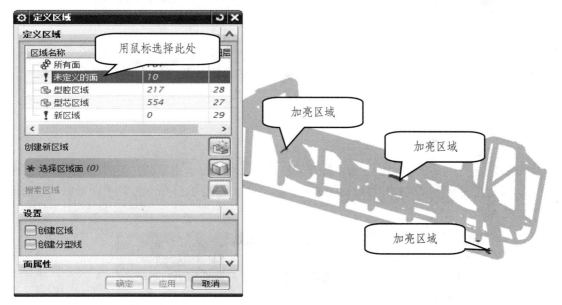

图 9-11 判断未定义区域

图 9-12 几个窄小区域

（6）检查区域结束后，可以定义区域。单击"定义区域"工具🔧，打开"定义区域"对话框，可以看到区域的分配情况如图 9-13 所示，共有 218 个型腔区域和 563 个型芯区域。

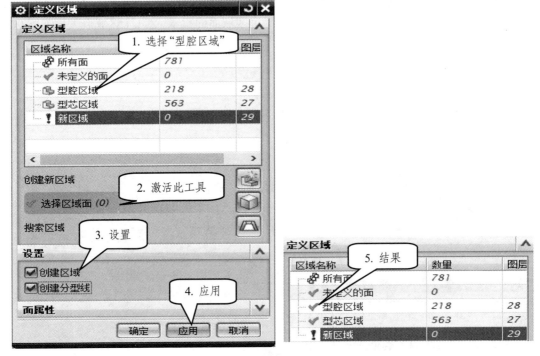

图 9-13　定义区域

9.1.4　曲面补片

（1）单击"曲面补片"工具💠，打开"边补片"对话框，由于侧孔侧面已经指派给型腔区域，因此曲面补片应该补在模型内侧表面的侧孔处，如图 9-14 所示，两个圆形侧孔的曲面补片方法相同。

图 9-14　两个侧孔曲面补片

（2）图 9-6 的部位 3、部位 4 对应的两个孔在斜面上，且孔的圆角曲面跨越了型腔型芯两个区域，因此已经利用"拆分面"工具对这两个孔的跨越面进行了拆分，它们的曲面补片必须经过拆分边界线才不会影响孔部位的正常开模。

（3）通过【应用模块】|【建模】切换到建模环境，打开"曲面"选项卡，通过【曲面】|【更多】|【N 边曲面】，依次选择孔的拆分边界线获得两个 N 边曲面，如图 9-15 所示。

图 9-15　创建 N 边曲面

（4）由于这两个 N 边曲面是在建模环境下创建，其颜色呈白色，此时它们只是一个普通的曲面片，还不能作为曲面补片工具使用，需要进行身份的转换后才能使用。

（5）切换到"注塑模向导"模式，单击"分型刀具"中的"编辑分型面和曲面补片"工具，打开"编辑分型面和曲面补片"对话框，依次选择刚创建的两个 N 边曲面，将其转化为 MoldWizard 中的曲面补片，颜色由原来的白色变为曲面补片的淡蓝色，如图 9-16 所示。

图 9-16　转换 N 边曲面

9.1.5　创建引导线或过渡对象

由于此塑件分型线和分型面为不规则图形，需要借助引导线或过渡对象帮助创建分型面。

（1）单击"分型导航器"工具 🗐，将产品模型、工件线框以及曲面补片隐藏，如图 9-17 所示，只显示分型线，通过【工具】|【更多】|【动态 WCS】工具将 WCS 调整到可见区域，便于后面定义引导线方向时做参考，如图 9-18 所示。

图 9-17　分型导航器

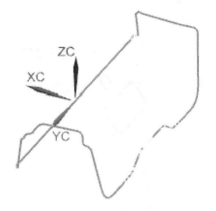

图 9-18　动态调整 WCS

（2）单击"设计分型面"工具 🗽，打开"设计分型面"对话框，单击"编辑分型段"选项中的"编辑引导线"工具，如图 9-19 所示。打开图 9-20 的"引导线"对话框，用鼠标选择曲线与曲线过渡位置处的位置点，定义引导线的方向和长度。

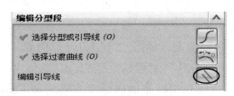

图 9-19　编辑分型段

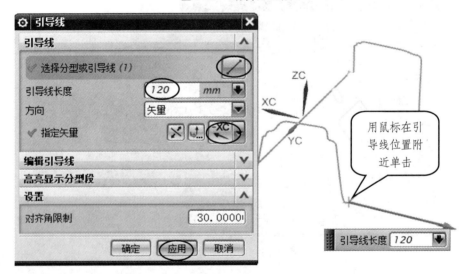

图 9-20　创建引导线

注意：定义引导线方向时，最好根据模型曲面和分型线特点进行调整，防止获得扭曲变形的分型面或尖锐分型面。

（3）用相同方法创建其余引导线，参考 XC，YC 坐标轴方位调整引导线方向，所有引导线如图 9-21 所示。

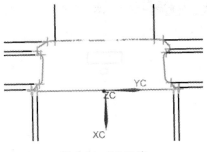

图 9-21　引导线

9.1.6　创建分型面

（1）创建完引导线后，关闭"引导线"对话框，回到"设计分型面"对话框，开始对各分型段设计分型曲面片，设计过程如图 9-22 所示。

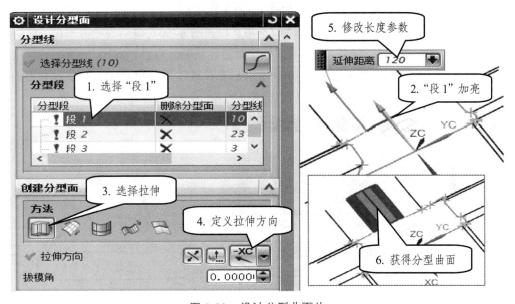

图 9-22　设计分型曲面片

（2）其余分型段用"拉伸"或"扫掠"方法创建分型曲面片，曲线与曲线转弯处用"扫掠"，其余分型段用拉伸，过程和"段1"相同，不再一一阐述，最后获得的总分型面如图 9-23 所示。

图 9-23　总分型面

（3）单击"定义型腔和型芯"工具![icon]，通过图 9-24 进行创建型腔型芯操作，出现创建失败的提示，取消创建型腔操作，需要对加亮显示的分型线段和分型曲面片进行编辑修改。

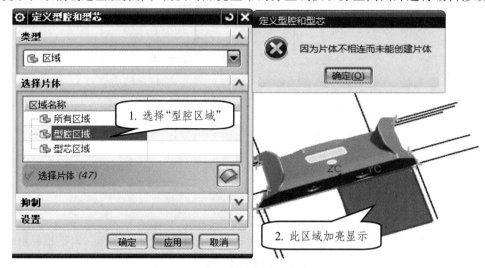

图 9-24　定义型腔

（4）编辑分型面，回到"设计分型面"对话框，找到图 9-24 对应的失败分型面，即图 9-25 的"段 17"，单击"删除分型面"工具将该分型曲面片删除，单击"应用"，对应符号由原来的勾变为感叹号，说明删除成功，如图 9-26 所示。或者通过图 9-27 的"自动创建分型面"中的"删除所有现有的分型面"工具删除所有分型面。

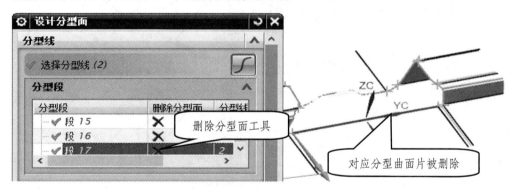

图 9-25　删除分型曲面片

图 9-26　删除分型曲面片后的分型段　　　　图 9-27　删除所有分型面

（5）将图 9-25 对应加亮分型段定义为过渡对象，具体操作如下：选择图 9-19 所示的"编辑分型段"工具中的"选择过渡对象"工具，再用鼠标选择图 9-25 中加亮的线段，单击"应用"，被选择的对象将转变为过渡对象，线段颜色由默认的颜色变为淡绿色，过渡对象的分型

226

曲面片将由系统根据两侧曲面特征自动生成，无须用户创建。

（6）创建好过渡对象曲线后，再用前面介绍的相同方法重新创建分型面，唯一不同的是过渡对象处的曲面由系统自动生成，再定义型腔和型芯，仍然出现失败，且生成型腔型芯过程中会出现类似图9-28的加亮点或线，可以帮助用户判断可能出问题的分型段及分型曲面片。

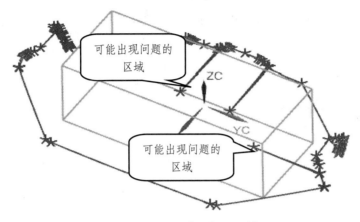

图 9-28　可能出现问题区域

（7）继续编辑分型线，单击"编辑分型线"选项下面的"选择分型线"工具，发现图形窗口中出现警报，并在"open end"提示位置加亮显示，如图9-29所示。

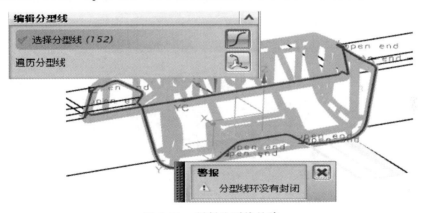

图 9-29　判断分型线故障

（8）删除所有分型线，激活图9-29中"编辑分型线"选项的"选择分型线"，按住"Shift"键，通过矩形窗口全选所有分型线，这样相当于撤销了所有分型线的定义，达到删除分型线的目的。当"选择分型线"后面的数字由152变为0，说明前面定义的分型线被删除，用户可以重新定义产品分型线。删除所有分型面的方法通过9-27的"删除所有现有的分型面"工具完成。

注意：本塑件分模设计有一定难度，不同设计者设计思路和方法不同，出现问题和提示也不相同；每次相关操作结束，要单击"设计分型面"对话框下面的"应用"按钮，操作才能有效完成。

（9）重新定义分型线时，可以打开"编辑分型线"中的"遍历分型线"对话框，手工选择或通过循环方法选取用户需要的分型边界线，如图9-30所示。当出现"桥接缝隙"提示时，选择"是"将存在缝隙的两段线进行桥接。

图 9-30　手工定义分型线

注意：在对复杂零件进行分型时，最好先将相邻区域正确指派到型腔区域或型芯区域后再自动生成分型线，这样得到的分型线是沿着两个不同区域的分界线自动生成的，在后面创建分型面时才不容易出现问题。

9.1.7　创建型腔和型芯

（1）单击"定义型腔和型芯"工具，打开图 9-31 的"定义型腔和型芯"对话框，创建型腔和型芯，如图 9-32 所示。

图 9-31　定义型腔和型芯

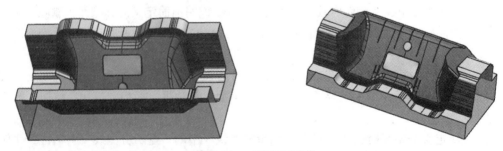

图 9-32　　型腔和型芯

228

（2）到此为止，分模工作全部完成，【文件】|【保存】|【全部保存】，保存所有文件。

9.2　模架设计

在已经完成分模设计的基础上，继续完成汽车倒车影像显示面板的模架及标准件设计，包括模架加载、标准件设计以及顶出机构、抽芯机构、斜顶机构、浇注系统以及冷却系统等的设计。

9.2.1　加载模架

（1）扫描本章末二维码，打开文件"chap09/unfinished/dchxsh_panel_top_009.prt"，可以看到一模两腔的模具布局，如图 9-33 所示。

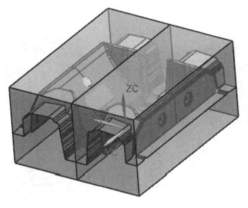

图 9-33　一模两腔

（2）利用【分析】|【测量距离】测量两腔布局的总长和总宽约为 360 mm 和 300 mm，根据该尺寸选用模架规格尺寸为 4545。

（3）切换到"注塑模向导"选项卡，单击"主要"功能区中的"模架库"工具▤，打开"模架库"对话框，在"重用库"中选"DME"，在"成员选择"中选择"2A"，如图 9-34 所示。

图 9-34　重用库和成员选择

（4）打开"模架库"对话框，如图 9-35 所示，在"详细信息"一栏定义模架规格尺寸为 4545，修改 A 板、B 板以及 C 板尺寸，单击"应用"，打开图 9-36 的"部件名管理"对话框，单击确定加载模架，发现模架的 A 板尺寸偏小，B 板尺寸偏大，如图 9-37 所示。再次单击"模架库"工具 ，将 A 板参数"Ap_h"由 106 调整为 146，"Bp_h"由 76 调整为 56，单击"应用"，重新加载模架，如图 9-38 所示。

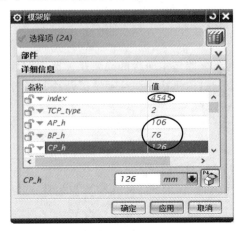

图 9-35　模架库定义

图 9-36　部件名管理

图 9-37　初次加载模架

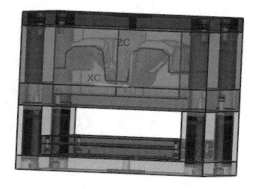

图 9-38　重新加载模架

9.2.2　添加标准件

1. 添加定位圈

单击"主要"功能区的"标准件库"工具 ，在图 9-39 所示的"重用库"中选择"Locating Ring Interchangeable"，在"成员选择"一栏选择"Locating Ring"，在图 9-40 的"标准件管理"对话框中设置"TYPE"参数为"M_LRB"，单击"应用"，打开图 9-41 所示的"部件管理器"对话框，单击"确定"，完成定位圈加载，单击"标准件管理"对话框的"确定"或"取消"关闭该对话框。

图 9-39　重用库和成员选择

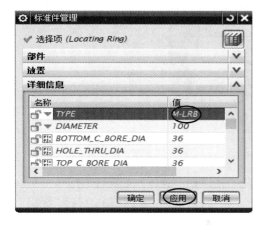

图 9-40　"标准件管理"对话框

图 9-41　"部件管理器"对话框

2. 添加浇口衬套

（1）在图 9-42 所示的 "重用库"中选择"Sprue Bushing"在"成员选择"一栏选择"Sprue Bushing"，在图 9-43 的"标准件管理"对话框中设置"CATALOG"参数为 "M_SBI"，"CATALOG_DIA"参数为 20，"CATALOG_LENGTH"参数为 150（此参数后面还需根据实际情况调整）单击"应用"，打开图 9-44 所示的"部件名管理"对话框，单击"确定"，完成浇口衬套添加。单击"标准件管理"对话框的"确定"或"取消"关闭该对话框，加载的定位圈和浇口衬套如图 9-45 所示。

图 9-42　重用库和成员选择

图 9-43　"标准件管理"对话框

图 9-44　"部件名管理"对话框

图 9-45　加载的定位圈和浇口衬套

（2）对定模板和 A 板进行建腔操作，单击"主要"功能区的"腔体"工具 ，打开图 9-46 所示的"开腔"对话框，定义定模板和 A 板为目标体，定位圈和浇口衬套为工具体。

图 9-46　"开腔"对话框

3. 添加顶杆及顶杆后处理

（1）单击"主要"功能区的"标准件库"工具 ，在图 9-47 的"重用库"中选择"Ejection"在"成员选择"一栏选择"Ejection Pin[Straight]"，在图 9-48 所示的"标准件管理"对话框的"详细信息"一栏中设置相关参数，单击应用，弹出图 9-49 所示的"点"对话框，定义顶杆位置点。

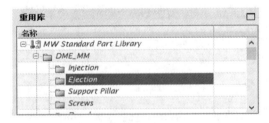

图 9-47　重用库和成员选择

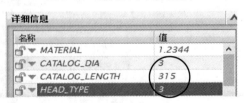

图 9-48　详细信息

图 9-49　"点"对话框

（2）打开图 9-49 所示的"点"对话框后，通过俯视图工具■调整视图方位，用鼠标在图形窗口选择顶杆的位置点，单击"点"对话框的"确定"，弹出"部件名管理"对话框，单击"确定"后，继续回到"点"对话框，用相同方法在图形区继续选择顶杆的位置点，在最后一个点定义完以后，单击"点"对话框的"取消"（如果单击"确定"或"应用"，会有两个点重叠在一起）关闭"点"对话框，回到"标准件管理"对话框，单击"确定"关闭该对话框，所有顶杆位置点如图 9-50 所示。由于顶杆长度超过型芯上表面，需要对其进行修剪。

（3）单击"顶杆后处理"工具■，打开图 9-51 所示的"顶杆后处理"对话框，根据提示完成顶杆修剪后，单击"取消"关闭对话框，修剪后的顶杆如图 9-52 所示。顶杆的止转结构如图 9-53 所示，后来发现部分顶杆和斜顶可能有干涉，通过图 9-54 所示步骤将其删除。

（4）以型芯和 B 板为目标体，所有顶杆为工具体，对顶杆进行建腔操作，建腔后的型芯如图 9-55 所示。

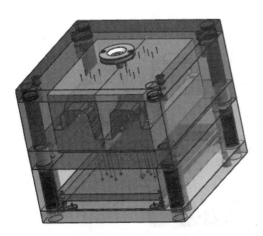

图 9-50　加载的顶杆

图 9-51　顶杆后处理

233

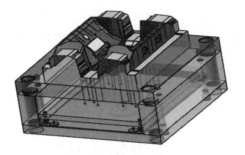

图 9-52　修剪后的顶杆

图 9-53　顶杆止转结构

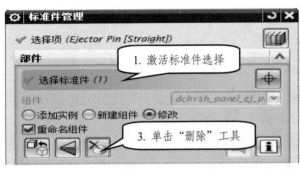

图 9-54　删除部分顶杆

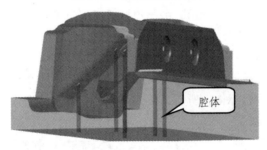

图 9-55　建腔后的型芯

9.2.3　浇注系统设计

1. 主流道设计

（1）在装配导航器的"dchxsh_panel_misc_004"节点中选择浇口衬套零件"dchxsh_panel_sprue_o67.prt"，如图 9-56 所示，或在图形窗口中选择该零件，右键单击该零件，通过右键菜单"在窗口中打开"，让浇口衬套单独显示。执行【分析】|【测量】，切换到"半径"类型，测量浇口衬套半径为 10 mm，具体操作如图 9-57 所示。

图 9-56　dchxsh_panel_misc_004 节点

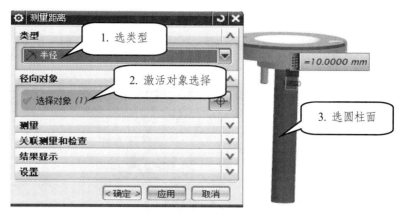

图 9-57　测量半径

（2）重新切换到"top"文件窗口，通过合并腔工具将两个型腔合二为一，具体操作为：单击"合并腔"工具 ⬚，打开"合并腔"对话框，根据图 9-58 进行操作。

（3）单独打开合并腔零件"dchxsh_comb-cabity_023.prt"，通过拉伸及布尔求差获得该零件中主流道对应的孔，直径为 20 mm，如图 9-59 所示。

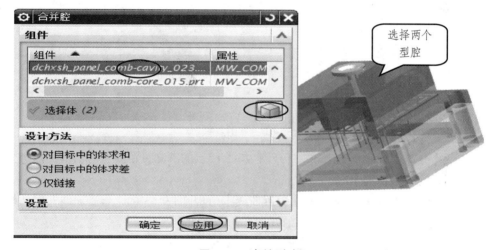

图 9-58　合并型腔

图 9-59　主流道

2. 创建分流道

（1）切换到"top"文件模式，进行草图绘制，单击"草图"工具，在 XC-YC 平面绘制长度为 40 mm 的直线，如图 9-60 和图 9-61 所示。

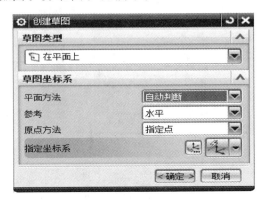

图 9-60　草图平面

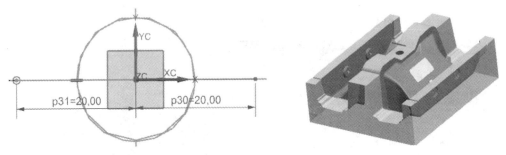

图 9-61　草图直线

（2）执行【分析】|【测量距离】，打开图 9-62 所示的"测量距离"对话框，测量分流道所在平面到直线的投影距离为 22.118 4 mm。

（3）执行【曲线】|【派生曲线】|【偏置曲线】，打开图 9-63 的"偏置曲线"对话框，利用偏置方法获得新曲线，偏置距离为 22.118 4 mm，获得偏置曲线。

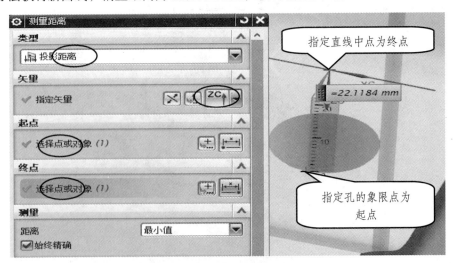

图 9-62　测量投影距离

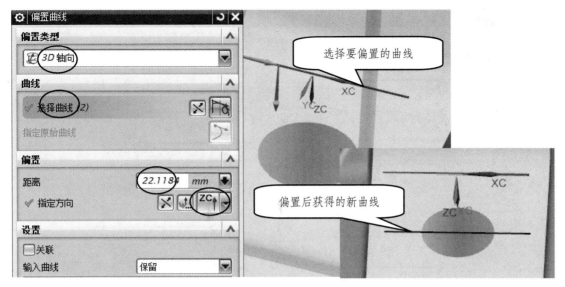

图 9-63 偏置曲线

（4）执行【主页】|【特征】|【拉伸】，打开图 9-64 的"拉伸"对话框，单击"绘制截面"工具，以 XC-YC 平面为草图平面，绘制图 9-65 的圆形截面，对称拉伸深度为 20 mm，利用布尔求减计算和合并型腔进行切减。

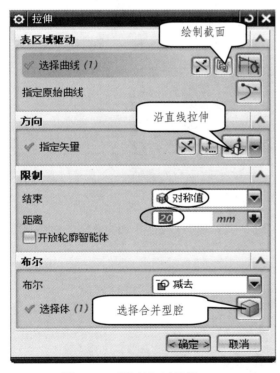

图 9-64　"拉伸"对话框

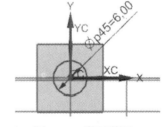

图 9-65　草图截面

（5）分流道两端的球面利用"球"工具创建，执行【主页】|【特征】|【更多】|【球】，创建分流道端部的球面特征，分流道另一侧球面用相同方法创建，创建后的效果如图 9-66 所示。

237

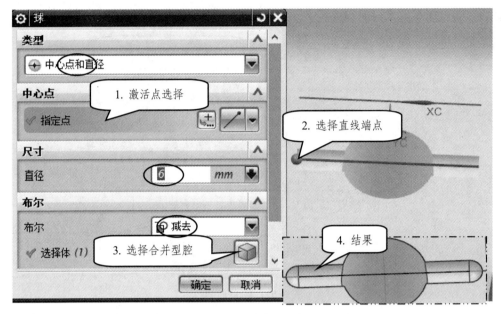

图 9-66 "球"工具

3. 创建浇口

在创建分流道基础上继续创建浇口。

（1）【工具】|【更多】|【动态 WCS】，将 WCS 动态移动到直线端点处，如图 9-67 所示。

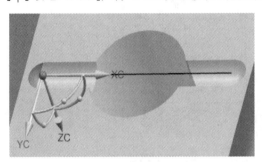

图 9-67 动态 WCS

（2）执行【主页】|【直接草图】|【草图】工具，以 YC-ZC 平面为草图平面绘制图 9-68 中直径为 3 mm 的圆截面。

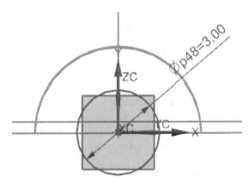

图 9-68 圆截面

（3）执行【主页】|【特征】|【拉伸】，以前面绘制的直径为 3 mm 的圆为截面，创建拉伸特征，如图 9-69 所示。

（4）用相同方法创建另一侧浇口。

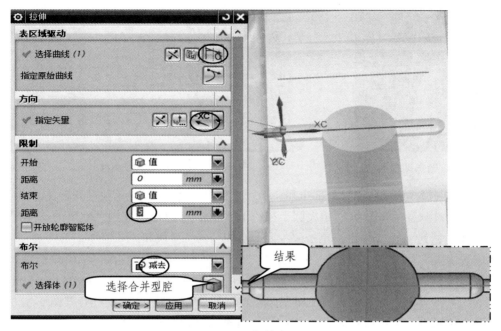

图 9-69　拉伸浇口

9.2.4　斜顶机构设计

（1）定义滑块机构时，一模多腔的布局中，只有一个处于"Work"状态，其余腔将作为阵列特征存在，单击"主要"功能区的"滑块和浮升销库"工具 🏠，在窗口中可以看到处于激活状态的"Work"型腔，如图 9-70 所示，不管是斜顶机构还是外侧抽芯机构都是在激活的型腔中进行。

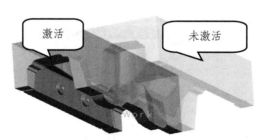

图 9-70　判断激活"Work"型腔

（2）在创建斜顶机构前，需要创建滑块对应的坐标系，其原则是：Z 轴指向定模一侧，Y 轴指向斜顶移动方向的相反方向。

（3）将窗口中除了塑件外的零件全部隐藏，【工具】|【实用工具】|【更多】|【动态 WCS】，将 WCS 动态移动至如图 9-71 所示的位置。由于无法捕捉圆心，需要利用【曲线】|【点】工具，通过捕捉象限点插入圆心点，再利用"动态 WCS"将 WCS 调整到圆心的位置，如图 9-71 所示。

（4）旋转 WCS，使其 Y 轴指向斜顶移动相反方向，执行【工具】|【实用工具】|【更多】|【旋转 WCS】，将 WCS 方向旋转到图 9-72 的方位，单击"旋转 WCS 绕…"的"取消"按钮，WCS 调整完毕。

图 9-71　动态调整 WCS　　　　　　　　　　图 972　旋转 WCS

（5）在 top 模式中无法测量局部半径，执行【文件】|【打开】，单独打开塑件模型，进入建模模式，通过测量可知图 9-72 中大圆半径约 15.5 mm，该参数对于斜顶宽度的设置有影响。

（6）重新回到 top 文件中，单击"主要"功能区的"滑块和浮升销库"工具，打开图 9-73 的"重用库"和"成员选择"，依次选择"Lifter"和"Dowel Lifter"，在图 9-74 的"滑块和浮升销设计"对话框的"详细信息"一栏修改斜顶的几个重要参数："wide=31,riser_thk=15,riser_top=150"（本尺寸要保证斜顶超出型芯上表面），单击"应用"，继续打开图 9-75 的"部件名管理"对话框，单击该对话框的"确定"，加载斜顶如图 9-76 所示。

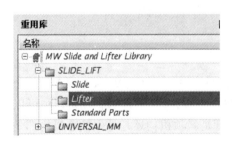
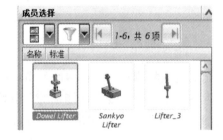

图 9-73　重用库和成员选择

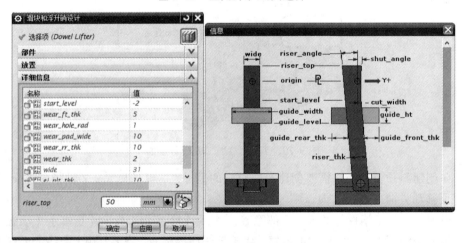

图 9-74　滑块和浮升销设计

240

图 9-75 部件名管理

图 9-76 加载斜顶

（7）修剪斜顶，双击装配导航器中的"dchxsh_panel_top_009.prt"以激活 top 文件，单击"注塑模向导"选项"注塑模工具"功能区中的"修边模具组件"工具 对斜顶进行修剪，具体操作如图 9-77 所示。

（8）创建腔体，取消型芯零件的隐藏，使其显示，单击"腔体"工具 ，打开"开腔"对话框，根据图 9-78 进行开腔工作，单独打开型芯零件文件"dchxsh_panel_core_005.prt"，可以发现型芯上多了一个用于装配斜顶的腔槽特征。

（9）其余斜顶用相同方法创建并修剪和建腔。

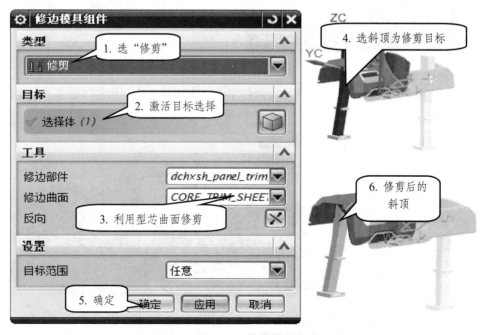

图 9-77 修剪斜顶

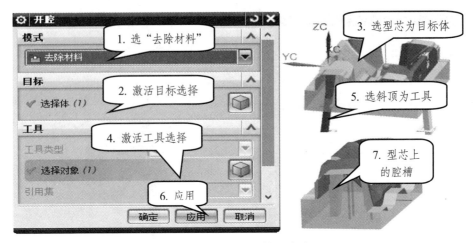

图 9-78　斜顶建腔

9.2.5　滑块机构设计

（1）单独打开型腔零件"dchxsh_panel_cavity_001.prt"，选择"应用模块"下的"建模"，进入建模环境，单击"草图"工具🔲，绘制草图界面，单击"完成草图"工具🔳完成草图，并以该草图拉伸实体，如图 9-79 所示。

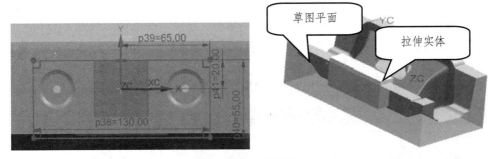

图 9-79　绘制草图

（2）对型腔和拉伸实体进行布尔求交，执行【主页】|【特征】|【求交】命令，根据图 9-80 进行操作。

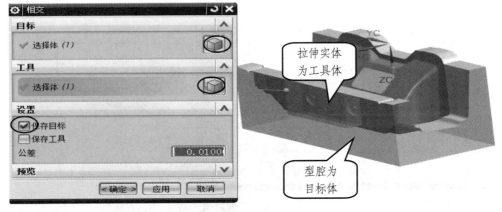

图 9-80　布尔求交

（3）布尔求差计算，以型腔为目标体，求交后的实体为工具体，进行布尔求差，如图 9-81 所示，这样型腔零件中分割出一个外侧滑块了，下面介绍对应滑块机构的设计过程。

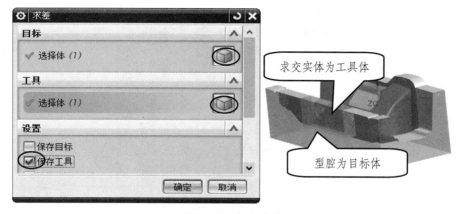

图 9-81　布尔求差

（4）切换到 top 模式，创建滑块坐标系，坐标系的 Y 轴指向滑块移动方向的相反方向，注意建立的坐标系要在激活状态的那个型腔零件上，其判断及创建方法和斜顶坐标系相同。切换到"装配导航器"，双击"dchxsh_top_009.prt"文件，激活该文件，选择"工具"选项下面"更多"工具下的"动态 WCS"，使 WCS 移动到滑块外侧上方边界的中点处，如图 9-82 所示，设计滑块坐标系时，要确保+ZC 指向定模一侧，+YC 指向滑块移动方向的相反方向。

图 9-82　滑块坐标系

（5）单击"注塑模向导"下"主要"功能区的"滑块和浮升销库"工具 ，在图 9-83 重用库和成员选择，"重用库"一栏选择"slide"，在"成员选择"一栏选择"Push-Pull Slide"子类型。与此同时打开"滑块和浮升销设计"对话框，如图 9-84 所示，根据滑块宽度（宽度为 135 mm）修改滑块体宽度参数"wide"为 135 mm，滑块高度参数"slide_top"为 100 mm。如果加载的滑块方向不对，可以通过"翻转方向"工具调整，单击"确定"，弹出"部件名管理"对话框，单击"确定"，加载的滑块机构如图 9-85。

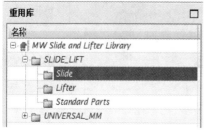

图 9-83　重用库和成员选择

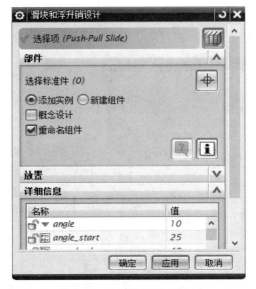

图 9-84 滑块和浮升销设计

图 9-85 加载的滑块机构

（6）另一个型腔对称位置处自动添加滑块机构。

（7）链接滑块体和滑块头，选择"应用模块"→"装配"工具▣，在"装配导航器"中选择图 9-85 的滑块体，使其成为工作部件，选择"装配"模块中的"WAVE 几何链接器"▣，选择图 9-86 的滑块头，单击"确定"，这样便将滑块头连接到滑块体上了，完成了滑块机构设计。

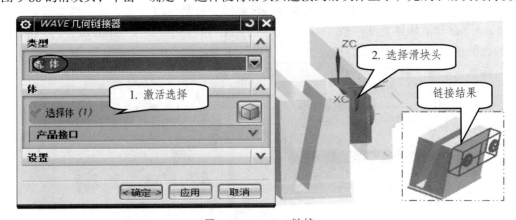

图 9-86 WAVE 链接

（8）执行菜单【编辑】|【显示与隐藏】|【全部显示】将模架所有零件显示在窗口中如图9-87所示，发现滑槽长度偏大，需要缩短。

（9）当要修改滑块机构时，再次选择"滑块和浮升销库"工具 ，进入图9-88所示的"滑块和浮升销设计"对话框，激活"部件"一栏的"选择标准件"工具，选择要修改的滑块机构，即进入滑块机构编辑状态，滑槽长度参数"gib_long"由原来的100改为为85。

（10）对和滑块机构相交的零件建腔，过程不再详细阐述。

图 9-87　滑块滑槽

图 9-88　编辑滑块机构

9.2.6　冷却系统设计

1. 冷却水道

（1）扫描本章末二维码，打开"chap09/汽车倒车影像显示面板/unfinished/dchxsh_panel_top_oo9.prt"，执行【注塑模工具】|【合并腔】命令 ，根据图9-89将型芯合并。

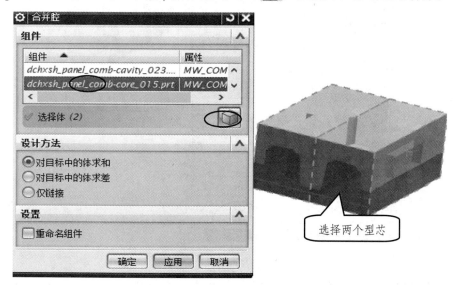

图 9-89　合并腔

（2）通过"装配导航器"将模架动、定模部分以及定位圈、浇口衬套和顶出机构隐藏，只显示合并后的型芯零件"dchxsh_panel_comb-core_015.prt"，如图 9-90 所示。

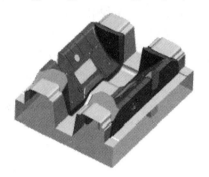

图 9-90　合并型芯

（3）单击"冷却标准件库"工具 ，在图 9-91 的"重用库"一栏选择"Water"，在"成员选择"一栏选择"COOLING HOLE"，打开图 9-92 的"冷却组件设计"对话框。

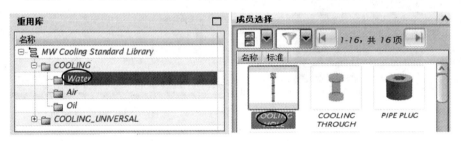

图 9-91　重用库和成员选择

图 9-92　冷却组件设计

（4）在定义好水孔放置平面和水孔参数后，单击"冷却组件设计"对话框的"应用"打开"部件名管理"对话框，单击"确定"按钮，弹出图 9-93 所示的"标准件位置"对话框，根据图 9-93 定义第 1 条水道位置，创建第 1 条水道。

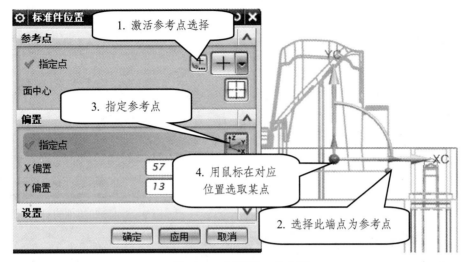

图 9-93　创建第 1 条水道

（5）单击"标准件位置"对话框的"应用"后，继续通过偏置值的方法或"指定点"工具用鼠标在放置平面指定其余水道放置点，如果不需要继续定义水道，单击"取消"关闭"标准件位置"对话框回到"冷却组件设计"对话框，注意水道位置要避免和顶杆，斜顶等零件相互干涉。

（6）获得第一条水道如图 9-94 所示。

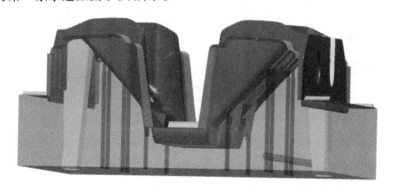

图 9-94　第 1 条水道

2．隔水板设计

（1）单击"冷却标准件库"工具🧊，在图 9-95 的"重用库"一栏选择"Water"，在"成员选择"一栏选择"Water_tower_plug（core）"，打开图 9-96 的"冷却组件设计"对话框，修改高度参数"H"为 80。

（2）修改好参数后，单击"应用"，弹出图 9-97 的"点"对话框，将模架调整到俯视图状态，以 WCS 为参考输入坐标值，此处 XC 坐标值需参考图 9-93 的 X 偏置值，即 150-57=93，保证水平水道和隔水板水道相通才能形成循环水路，单击"确定"后，打开"部件名管理"对话框，单击"确定"，继续弹出"点"对话框，继续用相同方法定义其余的隔水板。

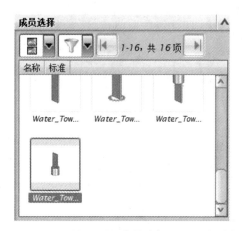

图 9-95　成员选择

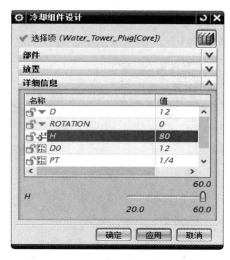

图 9-96　冷却组件设计

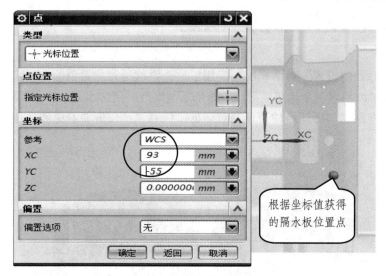

图 9-97　第 1 个隔水板位置点

（3）第 2 个隔水板位置参数，如图 9-98 所示。

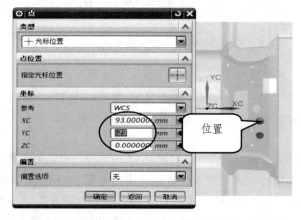

图 9-98　第 2 个隔水板位置点

（4）第 3 个隔水板位置参数，如图 9-99 所示。

图 9-99　第 3 个隔水板位置点

（5）第 4 个隔水板参数，如图 9-100 所示。

（6）设计完毕后发现隔水板和第 1 条水道位置有干涉，调整其方位，单击"冷却标准件库"工具🗒，在图 9-92 的"冷却组件设计"对话框的"选择标准件"工具选择第 1 条水道，单击"重定位"工具，将图 9-93"标准件位置"对话框中的"Y 偏置"由原来的 13 改为 20 即可，获得的 1 条水道和 4 个隔水板如图 9-101 所示。

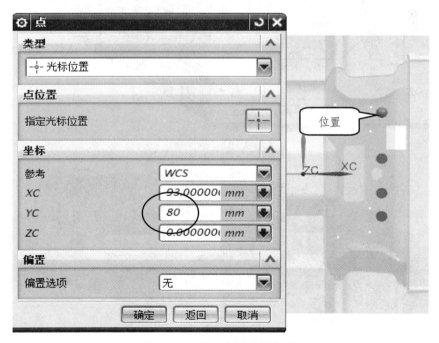

图 9-100　第 4 个隔水板位置点

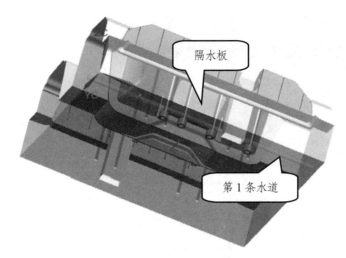

图 9-101　获得隔水板和水道

（7）利用隔水板对型芯进行建腔，单击"腔"工具 ，打开"开腔"对话框，分别以型芯和水道以及隔水板为工具体，完成建腔操作，具体操作参考图 9-102，建腔以后的型芯如图 9-103 所示。

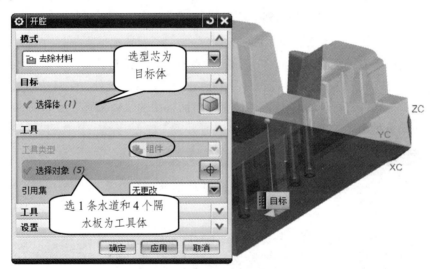

图 9-102　建腔

图 9-103　建腔后的型芯

3. 其余附件设计

（1）应用和第 1 条水道相同的方法，继续创建 A 板水道，注意定义水道参考位置时最好要和图 9-93 中第 1 条水道用相同的参考点以及调整后的偏移值（57，20）。

（2）在"详细信息"一栏修改水道直径和长度，直径参数"PIPE_THREAD"为 M8，长度参数"HOLE1_DEPTH"以及"HOLE2_DEPTH"为 43 mm（此数值经过测量所得），并定义水道放置平面和参考位置，如图 9-104 和图 9-105 所示，发现水道方向相反需要调整其方位。

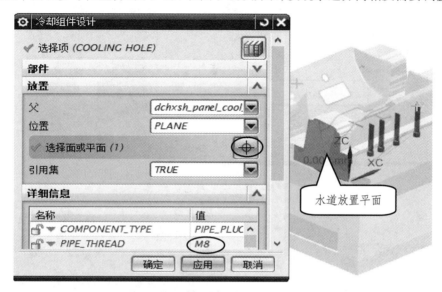

图 9-104　定义第 2 条水道放置平面

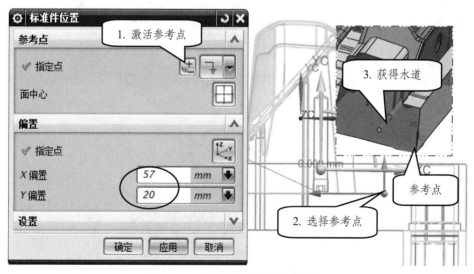

图 9-105　定义第 2 条水道参考位置

（3）单击"冷却标准件库"工具，在"冷却组件设计"对话框的"选择标准件"工具选择第 2 条水道，单击"翻转方向"工具，修改水道方向，如图 9-106 所示。

（4）创建水嘴和密封圈的方法，具体设计过程参考 8.2 节，创建后结果如图 9-107 所示。

（5）通过镜像方法将第 2 水道、水嘴以及密封圈镜像到另一侧，【应用模块】|【装配】|

【组件】|【镜像装配】，镜像过程参考 8.2 节，镜像结果如图 9-108 所示。

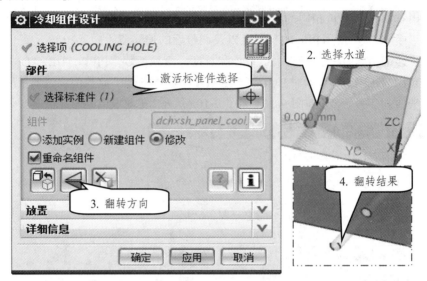

图 9-106　翻转水道方向

图 9-107　水嘴和密封圈

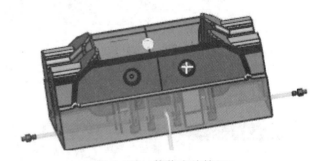

图 9-108　镜像水路特征

（6）用相同方法将第 2 水道、水嘴以及密封圈镜像到另一型芯位置，镜像结果如图 9-109 所示。

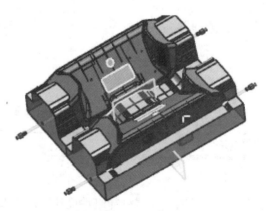

图 9-109　镜像到另一型芯

（7）以 B 板为目标体，以第 2 水道、水嘴以及密封圈为工具体，对 B 板进行建腔，具体过程不再赘述。

（8）定模部分的冷却水路设计方法，参考 8.1 或 8.2 节。

（9）执行【文件】|【保存】|【全部保存】，保存项目所有文件，退出应用程序。

习题与思考

1. 不规则零件分型时常常要用哪些工具辅助分型面设计？

2. 引导线在分型面设计过程中的功能是什么？

3. 隔水板式的冷却水路常用于什么场合的冷却，其设计原则是什么？

4. 扫描本章末二维码获取文件"习题/ex09/ex09_01.prt"，如图 9-110 所示，对其完成分模及模架设计，要求动模冷却系统用隔水板结构。

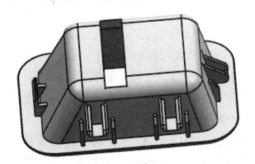

图 9-110　汽车内饰-仪表面板

扫码获取源文件　　　　　　　扫码获取习题文件

参考文献

[1] 金大玮，张春华，华欣. 中文版 UG NX 12.0 完全实战技术手册[M]. 北京：清华大学出版社，2018.

[2] 张维合. 注塑模具设计实用手册[M]. 北京：化学工业出版社，2019.

[3] 北京兆迪科技有限公司. UG NX 12.0 运动仿真与分析教程[M]. 4 版，北京：机械工业出版社，2019.

[4] 天工在线. UG NX 12.0 中文版从入门到精通[M]. 北京：水利水电出版社，2018.

[5] 洪慎章. 实用注塑模设计与制造[M]. 北京：机械工业出版社，2016.

[6] 钟日铭. UG NX 12.0 完全自学手册[M]. 北京：机械工业出版社，2018.

[7] 楚燕. 注塑模具结构设计实战[M]. 北京：化学工业出版社，2019.

[8] 董艺. 注塑模设计与成型工艺[M]. 北京：中国轻工业出版社，2016.

[9] 北京兆迪科技有限公司. UG NX 12.0 模具设计完全学习手册[M]. 北京：机械工业出版社，2019.

[10] David O, Kazmer. 注塑模具设计工程[M]. 北京：机械工业出版社,2014.

[11] 张维合，邓成林. 汽车注塑模具设计要点与实例[M]. 北京：化学工业出版社，2016.